三体問題

天才たちを悩ませた400年の未解決問題

浅田秀樹　著

ブルーバックス

装幀／芦澤泰偉・児崎雅淑
本文デザイン／浅妻健司

まえがき

まずは、この本の中で使われる主要なコトバの説明から始めましょう。

「三体問題」というコトバは、「古典的な難問題」の代表例として、自然科学分野の文献の中で登場します。これまで「三体問題」は、科学者あるいは科学に興味のある人たちだけがこっそり使っているコトバでした。しかし、あるSF小説の中の核心的な部分にて「三体問題」が取り上げられたため、このコトバが科学者以外の一般の人の目に触れました。これをきっかけに「三体問題」というコトバや概念が、一般社会の中に浸透する日が来るのかもしれません。

この「三体問題」は、かなり古くから知られており、古典的な問題とよぶことができます。その問題設定においては、20世紀以降に現れた比較的新しい数学なり物理学なりの知識——入り組んだ定義や学術用語の類——を必ずしも必要としません。それにもかかわらず、解くのがとても難しい（より正確にいえば、「厳密には解けないこと」が判明した）ことから、難問題の部類に入ります。

解けない数学の問題が入学試験で出題されると、入試事故として報道されます。入試においては「解けない問題は、問題として間違っている」と我々は考えています。出題文に誤り（誤字がある、条件が足りない等）があり「解けない問題」は、解（答え）が存在しないため、試験問題として不適切です。言い換えるなら、その出題文には数学的な誤りが存在するのです。

一方で、「解（答え）が存在するにもかかわらず、その解に到達することが不可能である」という意味で「解けない問題」もあります。これは、数学的に正しく、誤りがありません。

先ほど「三体問題」について「厳密には解けないことが判明した」と書きました。それを読んで、「解けないのだから、これを『問題』と書くのは間違いじゃないか」と鋭い突っ込みを入れた読者の方もいらっしゃるかもしれません。実は、その辺りの微妙な話こそ、この本の主題の一つであり、おいおい説明していきたいテーマの一つなのです。

「三体問題」には、オイラー、ラグランジュ、ポアンカレといった、科学史にその名を残す有名数学者・科学者が挑戦し、彼らの挑戦を次々とはねのけてきた輝かしい戦歴があります。彼らの素晴らしい才能をもってさえ、完全には解決することができなかった「問題」なのです。そして、21世紀の現在でも、「三体問題」は永遠のフロンティアであるかのような雰囲気を醸し出しています。

では、「三体問題」とはどういう問題なのか。科学者たちはどのように解決しようとしたのか。さらには、その問題への研究を通して、どのように新しい自然観を得ることができたのか。本書では、これらについて、なるべく高度な数式を用いず、高校数学程度までにとどめて解説しようと思います。

まず、本書でいう「三体」とは、物体が3個存在する状況をさします。より正確にいえば、3個だけ存在して、4個以上は存在しないという状況です。三体のはるか彼方に4個目の物体が存在すれば、その4個目の影響が微弱ながらも他の3個の物体に及びます。そのため、その3個の挙動は、3個だけが存在する場合と違ってくるでしょう。

また、いま物体といいましたが、これは一般的な身のまわりの物体ではなく、宇宙に存在する星や惑星のような天体のことをさします。のちほど詳しく説明しますが、地球や木星のような天体が3個だけ存在する状況を仮定し、それらの天体の運動がどうなるかを調べる研究における目標(最終的に知りたいコト)を「三体問題」とよびます。それでは、「天体の運動がどうなるか」を調べる上での目標とは何でしょうか。少し詳しくいうと、天体の位置を決めるための方程式を解くことで、任意の時刻での、天体の位置が分かるようになることです。この方程式は、大学初年度の力学の講義で必ず習うレベルのものですから、理系の人にとっては極めて知名度が高いものです。さらに、この本において「天体の位置が分かる」と書いた場合、その意味は、その天体の位置そのものを「表現する数式を見つけること」をさします。ここでの数式とは、数もしくは数に対応する変数を組み合わせたものです。平面の上の運動ならば、中学で習ったデカルト座標（直交座標）のx座標とy座標を用いて、物体の位置を表現することができます。物体が静止せずに運動しているならば、この物体の位置を表すx座標とy座標の値が時間と共に変化します。つまり、このx座標とy座標の値を時間の関数として表すことを目標としています。

「方程式」とは、ある未知数に対応する変数を含んだ数式のことです。その方程式を数学的な操作で変形して、その未知の変数が、それ以外の量で書き表せたら、方程式が「解けた」といいます。その書き表された数式を「解」とよびます。

さて、いきなり物体が3個ある状況から話を始めました。「じゃあ、3個よりもっと簡単な1個や2個の場合はどうなるの？」という疑問が湧いてきます。

これらの場合は「一体問題」や「二体問題」とよぶことができます。1体の場合には「問題に対する方程式を作り、それを解く」という数学的な儀式や作法を伴わないので、「問題」とか「解」という堅い言い回しを、通常は用いることはありません。しかし、三体問題との比較・対照のために、この本ではあえて「一体問題」という妙な言い回しを使います。オフィシャルな場面、例えば学校の授業などでは「一体問題」という言い回しは使わないでくださいね。

2体の場合は、方程式を解く操作がありますから、れっきとした「二体問題」です。これらの「一体問題」や「二体問題」を解決したのが、偉大な科学者ニュートン卿です。「二体問題」は高等学校の物理の教科書でも少し登場しますが、きちんとした解法は大学初年度の物理の講義で習います。

一方で、「天体の個数が3個の場合の未解決問題が『三体問題』とよばれているなら、天体の個数が4個、5個の場合でも問題になるのでは?」という疑問も自然に出てくるでしょう。もちろん、これらも未解決問題です。各々「四体問題」、「五体問題」として知られています。個数が3以上の場合、その任意の個数をNと記して、「N体問題《エヌたいもんだい》」とよぶこともあります。

天体の個数が「1個」と「2個」、これら二つの場合は解決済みの問題です。「3個以上の場合」はすべて未解決問題です。解決済みの1個と2個の二つの場合のみが例外であり、3個以上、つまり、それら以外のほとんどの場合（こちらのほうが大多数です）は未解決です。2個と3個の間で大きな境界があるのです。

そもそも「3個」なんて、特別な個数ではありません。幼児だって、数を知り始めたころ、「ひー、ふー、みー」、「いち、に、さん」と指折りかぞえることを身につけていきます。1個は有るか無いか（0個）との大きな違いを表す数ですが、2と3は、4以上の整数につながる、たくさんある整数のうちの一つにすぎません。我々にとって数の「1」は特別な印象を与えるものですが、「2」と「3」は、複数の数のうちの比較的小さなものくらいの感覚で使っています。「この仕事は、あと2、3日で片付きます」といった言い回しは、「あと数日で」というかわりに、とくに数日の中でも期間が短めの場合、「2、3日」という表現を使っていると思います。ぼかした言い方なので、実際には、その仕事が4日かかってしまうこともあるかもしれません。このように日常感覚からすれば、天体の個数が「2個」と「3個」の間に、劇的に大きなギャップが存在するというのが不思議です。

実際、大昔の科学者たちも、「二体問題」が解けたのだから、「三体問題」も頑張《がんば》れば（何らかのうまい数学的な操作を発見すれば）、その解は見つかるのではないかと楽観的に考えました。とくに天才数学者・科学者たちは、「俺こそ、その解の発見者になれる才がある」と自信満々だったに違いありません。実際に、天才たちによって「特別な状況」を仮定した場合においての「三体問題」の解は発見されています。しかし、「一般的な条件」での解を見つけることには、ことごとく失敗したのです。

「2個」と「3個」の間に大した違いはないであろうというのが日常感覚です。その日常感覚とのずれが「三体問題」というコトバが持つ不思議な響きを際立たせています。その響きのよさから、「三体問題」というコトバが、自然科学分野のいろいろな未解決問題の文脈の中で頻繁に使用されているのかもしれません。

コトバの説明が終わったところで、本書の内容を紹介します。

まず、1章では方程式および、その方程式を解く、とはどういうことなのかを説明します。簡単な例で説明されると、方程式とは「解けるもの」を意味するものだと錯覚しそうですが、解けない方程式も知られています。日本の数学教育では、発達した入試制度の中で解ける方程式ばかり採り上げます。それを一生懸命勉強してきた高校生・大学生、とくに大学に入学したての若い学生は、大抵そう錯覚しています。そこで、方程式の解けない例を2章で紹介します。さらに3章では、天体の運動に関する方程式を紹介します。ここでは、ニュートンの万有引力や力学の初歩的な事柄にも触れます。先ほど登場した「一体問題」や「二体問題」についても3章で解説します。

4章は「三体問題」に対する成功例を紹介します。ある特別な条件のもとで見つかった「三体問題」の方程式の解について、詳しく解説していきます。この特別な条件下での解は数学的なもの、つまり、その解に対応する3個の天体は、我々の宇宙には存在せず、数式の上だけで存在するものだと当時は思われていました。ところが、面白いことに、20世紀になってから、この方程式に関連する天体が次々と発見されたのです。5章では、三体問題を含むN体問題を解くために必要な事柄を説明します。それは「可積分性《かせきぶんせい》」とよばれるものです。そして6章では実は、「三体問題」はこの可積分性を満たさないことが判明したことを紹介します。つまり、解けなかったのです！　しかし皮肉なことに、解けないという失敗は、大きな成功につながりました。カオスとよばれる、自然界の多様性を説明する重要な概念の大発見につながっていったのです。解けないということは、「任意の条件で」という断り書きのもとでの話であって、特殊な場合での「三体問題」の解は、21世紀の今もなお発見されています。

7章では、6章で触れた「三体問題」における21世紀に入ってからの進展を紹介します。研究者の間で有名なものは、三つの天体が同一の軌道の上を互いに追いかけながら運動する解の存在の証明です。これは、ある物体が別の物体を追いかけて、それ自身は第3の物体に追いかけられるという不思議なものです。その軌道の形状から「8の字解」という愛称で呼ばれています。子どものおもちゃにプラレールというものがあります。線路、踏切や駅などの部品を、自由につなげて経路を作り、その上をミニチュアの電車を走らせて遊ぶものです。この線路を8の字の形にします。もちろん、交差するところは立体交差にします。このレールの上に3台の電車を置いて、互いに追いかけさせるのです。そんな見た目の運動をする「三体問題の解」の存在が判明したのです。ここで、「解の存在」という微妙な書き方をしたのには、理由があります。解が存在することは判明したのですが、肝心な解を表す数式は未だ見つかっていません（本書の執筆段階では）。

このように7章までは「ニュートンの万有引力」に対する三体問題の話です。しかし、最近話題になったブラックホール候補の直接撮像や重力波初検出のニュースなどで、一般の人にもよく知られるようになった「アインシュタインの一般相対性理論」のほうが、ニュートンの万有引力よりも正確に我々の宇宙を記述しています。この一般相対性理論における天体の運動についても説明したいと思います。

8章では、「二体問題」でさえ厳密な解を見つけられないこと、そのために近似的な解を求める努力などを紹介します。9章では、ある近似的な状況設定のもとで、一般相対性理論における「三体問題」を説明します。7章で紹介する特別な解「8の字解」は、一般相対性理論の重力のもとでどうなってしまうのでしょうか？「8の字」のような綺麗《きれい》な形状は留められないように思えます。これに対する答えを9章でお教えします。

9章までは「三体問題」という天体の軌道に関する数学的な話をします。さらに10章では、天体の軌道を正確に測るために、天文学者が用いる最新の天文観測装置に関する話を紹介することにしましょう。

なお、この本では、「天体」という言葉を何度も使います。国語辞典には、「天体とは、太陽・恒星・惑星・彗星・星団など、宇宙に存在する物体の総称」とあります。天体の「天」は宇宙のことをさし、天に存在する物体を意味します。

実際の天体は、その質量による万有引力だけを感じているわけではありません。通常の天体は原子・分子といった物質から構成されており、これら原子・分子の性質の多くは電磁気的な力から生じています。プラスとマイナスの電荷が引き合うのは、電磁気におけるクーロン力とよばれる力のためです。しかし、天体は、非常に多くの原子・分子から成り立っていて、プラスとマイナスの電荷の数が同じになり、天体の全体は電気的に中性です。ただし、電荷の分布には偏りがあり、内部電流が流れるような状況は許されます。天体の表面にこうした電磁気的な影響があることは、実際よく見かけられます。例えば、地磁気がそうですし、太陽フレアなどもそうした天体における電磁気的な現象です。こうした電磁気的な影響は、天体内部およびその表面近傍に限られ、遠方まで及ぶことはありません。物体がある天体からある程度遠方まで離れてしまえば、その物体に対して天体から及ぼされる力は万有引力だけでよくなります。この意味で、本書では、天体に対する力として万有引力だけを議論します。

また、本書では「三体問題」を考えるとき、理想的な数学的仮定に基づく状況で、質量を持った物体について考察していきます。この状況は、我々の宇宙には存在していない——少なくとも現在まで見つかっていない——ものです。そのため、厳密にはこれを「天体」とよぶことは相応《ふさわ》しくないのかもしれません。本来ならば「質量を持ち、万有引力以外の電磁気力を無視できる物体」と書かないといけないでしょう。しかし、広い読者に向けての一般解説書として、本書では、その「質量を……できる物体」のことをシンプルに「天体」と書かせていただきます。

もし本書の内容を御家族・御友人・御同僚などに語られるときには、本書で登場する用語「天体」の二刀流としての立場を使い分けてください。一つは実際の宇宙に存在する天体、もう一つは数学的な問題設定の中で登場する仮想的な物体をさす「天体」です。

少し話が込み入りましたが、ここから「三体問題」という神秘的なテーマについて、一緒に見ていくことにしましょう。

三体問題　目次

2章 解けない方程式

3章 ケプラーの法則とニュートンの万有引力

4章 三つの天体に対する解を探して

5章 一般解とはなにか

6章 つわものどもが夢のあと

7章 三つの天体に対する新しい解が見つかる

8章 一般相対性理論の登場

9章 一般相対性理論の効果を入れた三つの天体のユニークな軌道

10章 天体の軌道を精密に測る

1章 解ける方程式

1－1　方程式とはなにか

方程式の話に入る準備として、まずは等式1＋2＝3を考えてみましょう。これは、数の1と2を足し合わせたものが3に等しいという意味です。文字を用いながら文章によって数もしくは計算に関する説明を行うと冗長になり、論理的な関係が曖昧《あいまい》になり、解釈が複数可能になる危険性さえあります。数式とは、文章で説明するかわりに、特別な意味を持つ記号を導入して（定義して）、簡潔かつ曖昧さなく表現するものです。

右の具体例は、足し算の記号「＋」と等号「＝」を用いて表した数式です。そして、数量を表す記号として1、2、3が使われています。数量を表す記号を用いなければ、いちいち文章で数の1、2、3とはどういう意味なのかを説明する必要があり、算数や計算に関する議論を記録する、あるいは他人に伝えることが大変煩《わずら》わしいことになってしまいます。さらに解釈が複数許されることも起こり、これは混乱を招き、正確な結論を導けなくなります。小説などは複数の解釈が許されるほうが、読者ごとに違う読み方ができて面白さを増すものです。あるいは同一の読者でも、そのときの心理状態あるいは年齢によって違う解釈ができて、繰り返し読んでいる小説があるのではないでしょうか。しかし、数式は一つの解釈を正確に伝えるためのものなのです。

1－2　1次方程式

それでは、等式$1+2=3$をもとにして、もう少し考察してみましょう。

数の1に何かを足して3に等しくなる数をxと記します。このことを数式として書き表せば、$1+x=3$となります。このxは「何か」分からない数で「未知数」とよばれます。この段階では、答えが2だということを知らないフリをしてください。

この$1+x=3$となる未知数を求める作業を、方程式を「解く」という言い方をします。そして求められた未知数の値を答え（解）といいます。脇道に逸《そ》れますが、方程式を「解く」という言い回しは、古代の日本には存在しませんでした。方程式という数学的概念すら存在しませんでした。筆者は国文学者ではありませんが、国語辞典を調べてみると、「解く」という言葉の本来の意味は、結んだりしばったりしたものをゆるめて分け離すことだそうです。方程式をあたかも絡《から》み合った対象かのように見なして、その絡まりを分け離すことに見立て、いにしえの誰かが「解く」とよんだのでしょう。誰が最初にそうよんだ（あるいは、外国の書物を翻訳した）のかは、私は知りません。しかし、方程式を満たす未知数を見つけ出す数学的な作業に対して、新しい日本語を発明して定義するのではなく、「解く」という既存の言い回しで表現したことは言い得て妙だと思います。

先の例の方程式に話を戻します。その方程式を満たす解を見つけたい状況を考えます。すなわち、未知の数が存在して、その未知数がある数式を満足することを我々が期待するとしましょう。この数式は、その未知数を決めるための数式ですので「方程式」とよびます。言うまでもなく、この例の場合の解は、$x=2$ のただ一つです。

x が「ある数」であると私が仮定して、その値を試しに方程式の x に代入し、それが方程式を満たすかどうかを判定するのは比較的容易です。私の運が良ければ、数回試してみることで解が見つかります。しかし、運が悪ければ、いつまでも解が見つかりません。なぜなら、実数の中の正の整数に限定しただけでも、1、2、3、……のように無限に存在する正の整数のすべてを代入して、方程式が満たされるかどうか判定することは、無限回の代入および、等式の判定作業が必要となるからです。それは、有限の寿命を持つ人間には実行不可能です。従って、試みの数を次々と代入してみて方程式を満足するかどうかを判定するやり方は、あまりにも効率が悪く、実用的ではありません。そこでもっと良い手続きが必要です。

例えば、左辺の1が邪魔者なので、両辺から同じ数、この場合、1を引いてみます（あるいは、マイナス1を足す）。この結果、左辺は未知数のxだけになり、右辺は$3-1$で2となります。つまり、$x=2$の等式が得られます。これは方程式の解が数の2であり、それだけに限られることを意味します。このように、無限回数の数学的操作を用いずに、「有限の回数」の数学的操作で方程式の解を見つける方法は「解法」とよばれます。

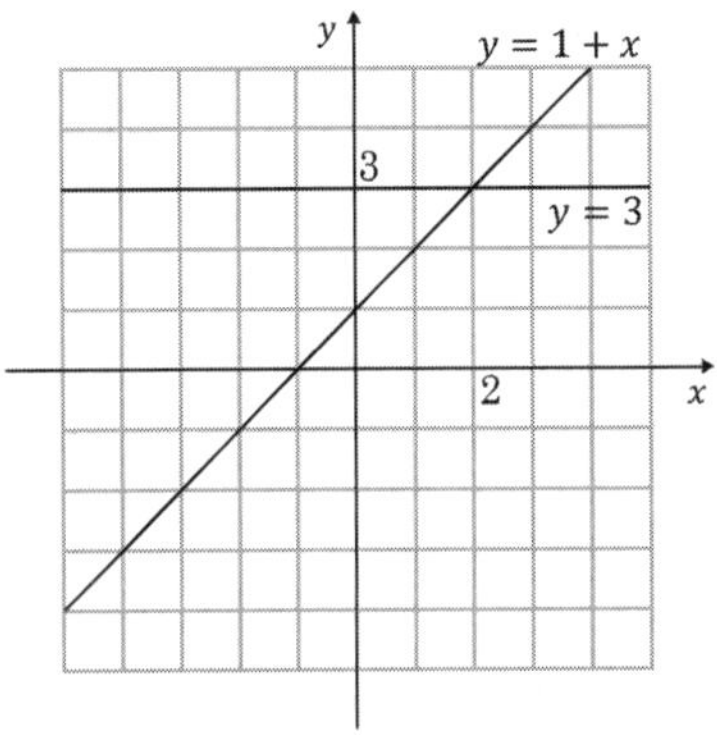

図1－1　解の図形的な意味

1－3　図形として1次方程式を眺める

次に、この方程式$1+x=3$を解くことの幾何学的な意味を考えてみましょう。以下のように、図形を用います。平面の上のグラフを考えてみましょう。平面の点の位置を直交座標（デカルト座標ともいう）で表しましょう。

まず、$y=1+x$の数式が表すグラフを考えます。この式の右辺の$1+x$は、先の方程式の左辺に他なりません。この数式$y=1+x$が満たす点の座標値(x, y)は、図1－1のように、傾き1でy切片が1である直線を表します。

次に、先の方程式の右辺が3ですので、$y=3$ の数式を作りましょう。この数式は、x の値に無関係に常に y の値が3である状況を意味します。よって、平面上では、x 軸に平行な直線で y 軸と値3のところで交わるものが、$y=3$ の図形的な意味となります。

先の方程式 $1+x=3$ とは、$y=1+x$ と $y=3$ の図形で共通の値 y を持つ平面上の点の位置、とくに、x 座標の値をさします。この2本の直線の交点は、このような作図（図1－1）から $x=2$、$y=3$ であることが分かります。

しかし、一般の方程式に対して、無限にある数のうちどれが解（あるいは、解の候補）なのかを見つけ出すことは容易ではありません。実際、2章で紹介するように、解が存在するにもかかわらず、通常の手法を用いてその解を見つけ出すことが不可能である方程式が知られています。

1－4　1次方程式の解の個数

先ほどの方程式は、未知数の1次のみが現れるので、1次方程式とよばれます。座標 (x, y) で表される平面の上での図形として考えてみましょう。図形で考えれば、その方程式の左辺に対応するものは平面の上の直線です。同じく、その方程式の右辺もまたある直線です。2本の互いに平行でない直線は、平面の上の1点で、そしてその1点のみで交わります。その交わった点が、方程式の解に対応します。こうした図形を用いた考察から、1次方程式の解が1個のみ存在することが直観的に理解できます。

しかし、厳密な議論が好きな読者向けに例外に関して考察しておきましょう。先ほどは2本の直線が平行でない場合を考えました。平行となる場合はどうなるのでしょうか？　平行となる場合は、さらに次のような二つの場合に分けられます。

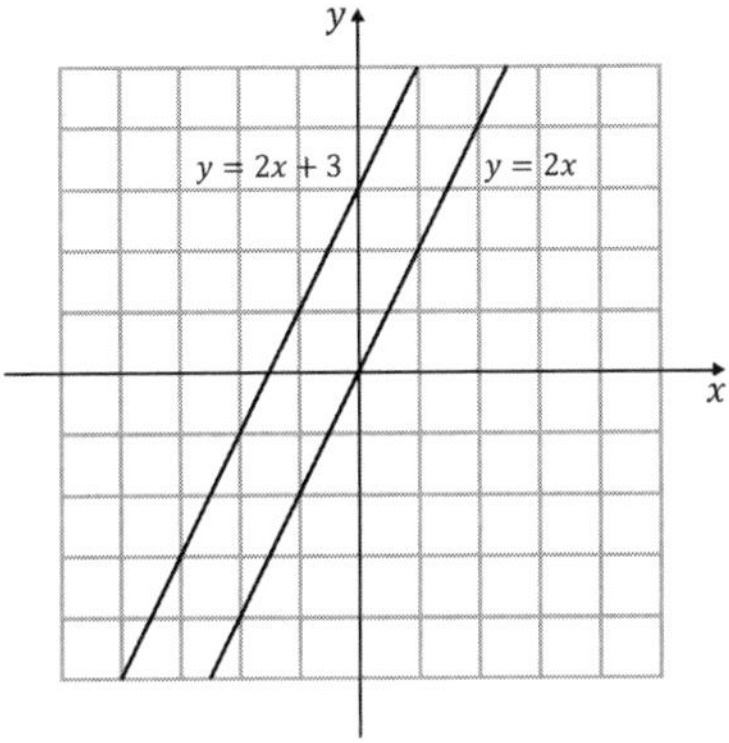

図1－2　平行になる場合の例

まず、2本の直線が平行で重ならない場合です。常に重ならない直線なので、交点は存在しません。すなわち解は存在しません。例えば、傾きが2の直線を考えましょう。方程式の例では、左辺が$2x$で、右辺が$2x+3$としましょう（図1－2）。$2x=2x+3$ですね。両辺から、$2x$を差し引けば、$0=3$になってしまいます。この等式は成立せず、元の方程式である$2x=2x+3$はいかなるxに対しても成り立ちません。

つまり、この方程式の解は存在しませんね。これが、例外の1番目です。

次に、第2の例外を考えましょう。2本の直線が平行で完全に重なる場合です。つまり、2本の直線が実は同一の場合です（図1－3）。傾き1の正比例のグラフを例として考えてみましょう。方程式で言えば、その左辺がxで右辺もまた同一のxである場合です。方程式の形は、$x = x$になりますね。明らかですが、どんな数のxでもこの等式が成り立ちます。つまり、この方程式の解の個数は無限になります。

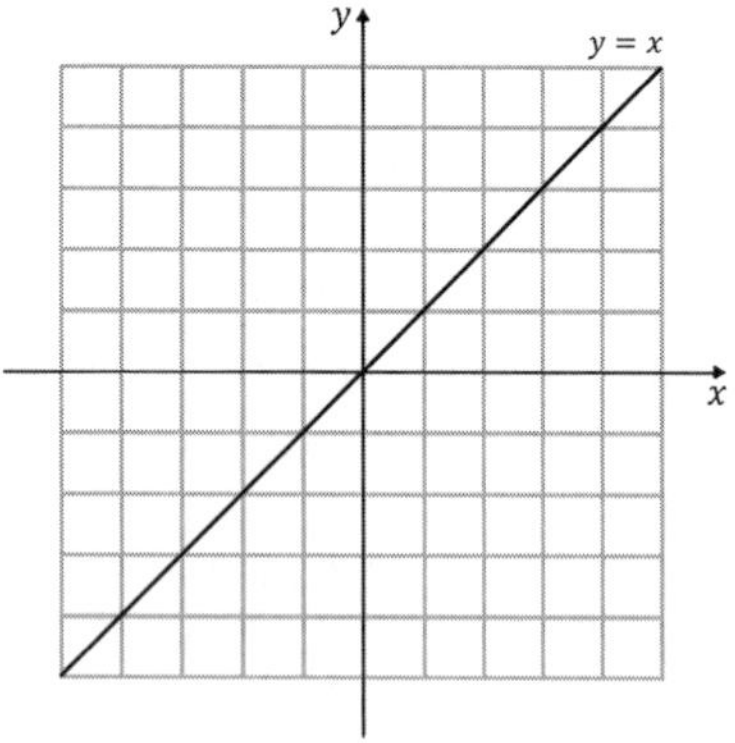

図1－3　2つの直線が同一の場合

1－5　2次方程式

同じ数どうしを掛け合わせると、2次の量を作ることができます。同じ数を掛け合わせることを、「2乗」あるいは「自乗」とよびます。

例えば、2掛ける2は、2の2次であり、数の4となります。未知数を再びxで表せば、xの2次、すなわちx掛けるxのことはx^2と記します。このx^2が16となる数xを見つけたいとしましょう。数式、

$$x^2 = 16$$

が成り立つような未知数 x を探します。２の２乗は $2\times2=4$、３の２乗は $3\times3=9$、４の２乗は $4\times4=16$ ですから、ただちに解が４であることが分かります。この方程式の解は数４だけでしょうか？　いやいや、それだけではありません。

$(-4)\times(-4)=16$ なので、-4 も解ですね。解は２個存在し、その２個だけです。このことは作図（図１－４）してみると理解できます。

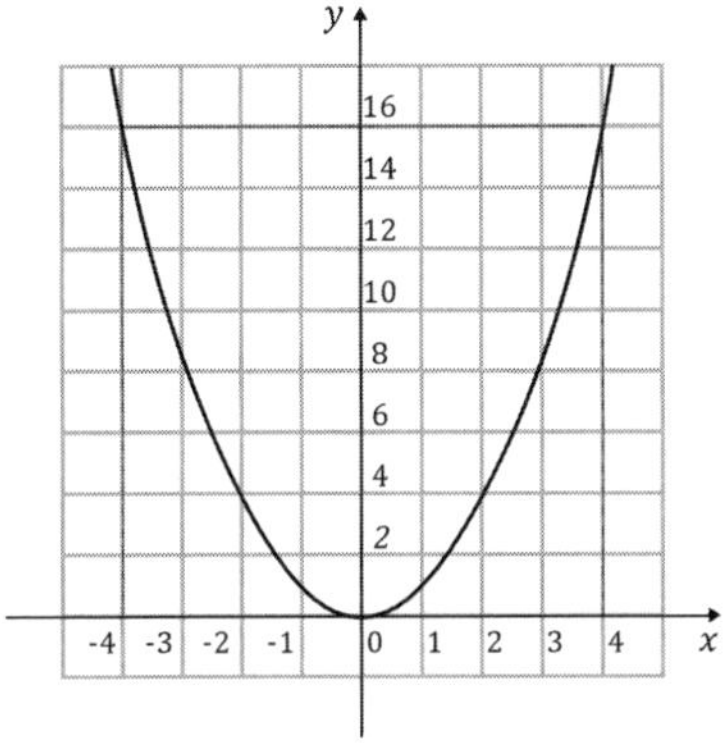

図１－４　$y=x^2$ のグラフ

１－６　２次方程式に対する厳密な解

$x^2=16$ の例を考えました。これに x の１次である $6x$ の項を加えたもの、$x^2+6x=16$ も２次方程式です。

左辺は、$x(x+6)$ に書き直せます（因数分解するという）。一方、右辺の16は 2×8 のような積の形になります。両辺の因数分解を眺めていると、$x=2$ かつ $x+6=8$ が解になっていることに気づきます。でも、この解の見つけ方はかなり不自然ですね。この見つけ方は、筆者である私が予《あらかじ》め答えを知っているから可能となった方法です。一般の係数の場合、とても使えそうにはありません。

さて、$x^2+6x=16$を右辺が零になるように書き直します。結果は、$x^2+6x-16=0$です。

もちろん、この方程式の解は、元の形の方程式と同じです。解の一つは$x=2$です。$x-2$という項はxが2に等しい場合にゼロになります。ということは、左辺の$x^2+6x-16$は$x-2$を含んでいるはずです。実際、書き直した方程式の左辺が、$x^2+6x-16=(x-2)(x+8)$の形に因数分解できることは、この右辺を展開してみれば直ちに確認できます。分解することで登場した因子である$x-2$や$x+8$が方程式右辺の数の因数分解とどういう風に対応するのか調べる必要があるのでしょうか?

今回は、ノーです。書き直した後の方程式の右辺がゼロだからです。先ほどは、2×8のように(答えを知っている筆者だからこそ)因数分解したのですが、今回はゼロなので、因数分解の必要がありません。左辺の因子のどれか一つがゼロでありさえすれば、方程式が満たされます。$x-2=0$または$x+8=0$を満たすxが解です。すぐに、$x=2$、$x=-8$が解だと分かります。

さて、書き直した方程式は、2次方程式の解の公式を導く方法につながります。中学校の数学で習う通りです。係数をa、b、cと表して、$ax^2+bx+c=0$の2次方程式を考えましょう。xの2次の項が確かに存在するように、aはゼロでない数としましょう。先の2次方程式は因数分解できます(図1-5)。もしaがゼロならば、見かけ上の2次方程式は1次方程式に帰着しま

図1－5　2次方程式を因数分解すると

$$a\left(x-\frac{-b+\sqrt{b^2-4ac}}{2a}\right)\left(x-\frac{-b-\sqrt{b^2-4ac}}{2a}\right)=0$$

す。

この図の数式における右辺はゼロなので、左辺の因子のどれかがゼロであればよいことが分かります。いまaはゼロではありませんから、カッコ内の項のうちのどちらか一方がゼロです。このことから、中学で習った「解の公式」が得られます。本来は、この因数分解する操作が解を見つける方法なのですが、2次方程式は本題ではないので、この詳細は省略します。

1－7　2次方程式の近似的な解

ところで、先ほどの解の公式を見ると、ルート（根号）が登場しています。根号とは、その数を2乗すると根号内の数になるような数を数学的に定義するための記号です。「4のルートは2」、「9のルートは3」のようにルート内の数が特殊な場合は、ルートの計算を簡単に実行できますが、一般にはそんなに簡単ではありません。例えば、ルート2やルート3でさえそうです。数値的にルートを計算してやる必要があります。

別の方法を考えてみましょう。

$$x^2 - x = e$$

の形の2次方程式を例として説明します。ただし、eは数の1に比べて十分に小さな数とします。例えば、0.0001とか、1/200000といった具合です。$e = 0.0001$ならば、e^2は、0.0001掛ける0.0001で、0.00000001となりますから、元のeよりもずっと小さくなります。eがとても小さい数なので、e^2はそれよりもずっと小さくなり、e^3はさらに小さく、といった具合です。

まず、eを無視した方程式を考えましょう。

$$x^2 - x = 0$$

この解は、$x = 0$と$x = 1$です。$x^2 - x = e$はeの分だけ、その解からずれているはずです。もちろん、ずれている程度は未定なので、その未定のことを係数を用いて表すことにします。二つの解$x = 0$と$x = 1$のうち、仮に簡単な形の$x = 0$のほうを考えてみましょう。そこからのずれを求めるために、

$$x = ke$$

として試しにおいてみましょう。

このxを方程式の左辺に代入し、eの1次だけキープして、2次は十分に小さいものとして無視します。左辺は$-ke$です。右辺がeですから、未定の係数は$k = -1$だと分かります。従って、$x = -e$が解です。ただし厳密なものではなく、十分小さな量の2次を無視した近似的な解

です。もっと精度の高い解を見つけたければ、２次の量を解に加えて、

$$x = -e + me^2$$

の形を仮定してみましょう。

eの２次の係数mが未知数です。これを方程式に代入してeの２次の係数の総和がゼロ（これは方程式の右辺におけるeの２次の項がゼロだからです）であることから、mについて１次の方程式が見つかります。よって、その１次方程式は直ちに解くことができます。

こうした一連の手続きを「逐次《ちくじ》法《ほう》」といいます。要するに、小さな量があれば、それに関して低い次数（たいていは1次）から求めていきます。多くの場合、求めたい次数の係数に関する方程式の次数が1次になるので、元の方程式を厳密に解くのに比べて、その1次方程式を解くほうがはるかに簡単な作業となります。

こういう説明を受けると逐次法が魅力的に思えるかもしれません。しかし、残念ながら「厳密な解」はほとんどの場合に逐次法では得られないことに注意しなければなりません。あくまで厳密な答えに近いものが得られるだけです。なぜなら1次、2次、3次と計算を繰り返し、どこまで頑張ってもその計算は終了しないからです。終了するのは、次の次数の量が現れない、つまり次の次数の係数がゼロになるときです。ほとんどの場合、こんなことは起こらず、次の次数、次の次の次数の量が残ってしまい、無限に計算が続いてしまいます。人間だけでなく、どんなに高

速なコンピュータであっても、有限の回数しか作業が行えません。執筆現在（2020年8月時点）、世界ランキングで2位以下に大差をつけての首位のスーパーコンピュータは、我が国の理化学研究所にある「富岳《ふがく》」です。富岳の計算速度は、1秒間に41京5530兆回（京は1兆の1万倍）だそうです。富岳を1年間休ませずに計算させたら、約13秭《じょ》回（秭は1京の1億倍）にもなります。とてつもない回数ですが、それでも無限回の回数の計算処理はできません。

1－8 逐次解のココロ

前節で、逐次法で解を求める手続きを紹介しましたが、そこで求めた解は一つだけでしたね。しかし、2次方程式の解は2個存在するはずです。いったい、もう一つの解はどこにいってしまったのでしょうか?

よく考えてみれば、先ほど逐次的に求めた解は、$e=0$の場合、$x=0$になります。元の2次方程式の二つの解の$x=0$と$x=1$のうち、前者に関係するものです。計算を伴う話が続いたので、この状況をたとえ話で説明してみます。

初めて旅行で訪れた滞在先で夕食をとるためにレストランに電話して予約する場面を想定しましょう。そこに行くための状況を思い描いてみてください。レストランに電話したときに、店の場所が「○○コンビニの3軒右隣です」と言われたとします。この情報だけで目的地にたどり着けるでしょうか？　「スマホの地図アプリで誘導してもらえばよい」というような現代人の解決法は用いないこととします。

イエスかもしれませんし、ノーかもしれません。

イエスの場合は、その都市に○○コンビニが1軒しか存在せず、電話した本人もそのコンビニエンスストアの場所をすでに知っている場合です。おそらく、ノーの場合がほとんどでしょう。なぜなら多くの都市でそうであるように、街のあちらこちらに同じコンビニチェーンの店舗が存在するからです。この情報だけでは、どの○○コンビニに行けばよいのか決められません。

そこで後者の場合、つまりたくさんの○○コンビニが存在する場合を考えましょう。例えば、レストランの場所が「中央駅の東口前の○○コンビニの3軒右隣です」と言われれば、目的地にたどり着けるはずです。

その都市にある中央駅の東口前のコンビニ店舗を目印（基準）として、その基準から3軒右隣だと分かれば、たどり着けます。このたとえ話では、中央駅が先ほどの「$x=0$」に相当します。その駅に着いただけでは、予約したレストランでの食事にはありつけません。非常に小さなeの1次での逐次解を求めた手続きが、駅の東口に移動する手順に相当するといえます。次のeの2次での逐次解を求めることは、東口前のコンビニエンスストアに向かうこと、そこから3軒右へ移動して、といった微調整が、eの3次や4次などの逐次解を求めることに相当するでしょう。その都市に駅が一つしかない場合は、さしずめ1次方程式を解く場合と同じだといってよいでしょう。

駅がもう一つ存在する場合は、2次方程式を解くことにあたります。その二つ目の駅を基準（起点）にして、そこからの目的地（例ではレストラン）までの経路を説明することが可能だからです。さっきの2次方程式での逐次法の説明では、「$x=1$」近くの逐次解を求めることにあたります。

駅が一つ、二つの場合のいずれにせよ、非常によく分かる場所（この場合は駅）を起点として、そこからの細かな経路説明が便利な方法です。これは、方程式を解くときの逐次法と対応します。解くべき方程式を簡略化することで、非常によく分かる場所

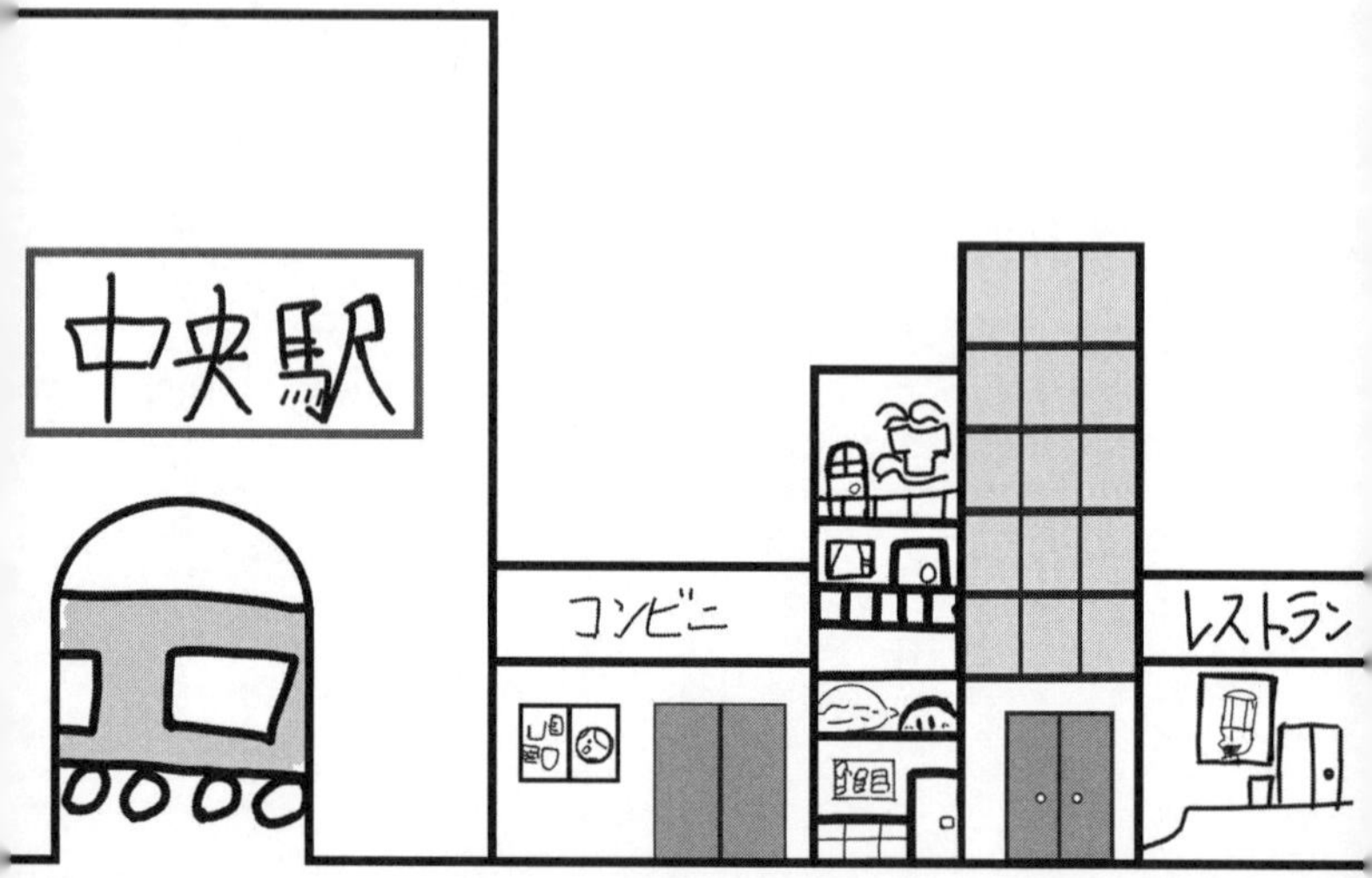

を見つけるのです。先ほどの2次方程式の例では、定数の項をゼロと見なした（微小として無視した）ことで、$x=0$ の解が直ちに見て取れます。つまり、既存の方法で解くことが可能ならば、容易に解くことができるような簡単な形の方程式を出発点として、近似的な解に対する補正を順次見つけることが逐次法です。

1－9　2次方程式に対する解の個数

この本を手にした読者は、もし2次方程式の解の個数を聞かれれば、「解は2個です！」と直ちに返事することでしょう。少し注意深い人なら、「ただし、重根の場合は1個です」というコメントを追加することでしょう。ここでの重根とは、2次方程式の解の公式における根号（ルート）の中身がゼロになる場合です。

中学校の計算問題では解が2個（重根なら1個）の場合ばかりです。しかし、例外が存在するのです。図形で説明すると、2次方程式の左辺がある放物線を表していて、右辺に対応するもう一つの放物線を考えます。二つの放物線は一般に二つの交点を持ちます。この交点の x 座標の値が2次方程式の解に相当します。

しかし、二つの放物線が同一の場合は、その2本の曲線は重なります。すなわち、すべての実数xが、その2次方程式を満たします。つまり無限個の解が存在します。

この例外的な状況は、2次方程式の三つの係数すべてがゼロの場合です。すなわち、$a=0$、$b=0$かつ$c=0$が同時に満たされる場合です。方程式の構造が2次方程式に見えても、解の個数が2個であるとは限らないのです。無限個の解が許される場合があるのです。いささか反則のような話ですが。

興味深いことに、先ほど紹介した逐次的な方法で近似的な解を見つける話と、この例には関係があります。逐次的な方法では、すぐに見つかる解（出発点）が2個存在するように思えます。そして、その出発点から上手く調整して正しい解（2個存在します）に近付いていきます。しかし、この逐次法が上手く機能しない場合が存在するのです。そうした機能不全が起こる具体例が、右で述べた例外的な状況、すなわち、2次方程式の三つの係数すべてがゼロの場合なのです。この場合、逐次的な方法における出発点が定まりません。

以上が、この本の後半部分にも関連する教訓です。方程式が与えられれば、それを満たす解の個数が有限とは限らないということは非常に興味深いです。もちろん、ここで例として挙げた特異な2次方程式（実は0＝0という0次方程式）は、この本の本題である「三体問題」の解の多様性とは直接関係しません。

2章

解けない方程式

2－1　3次方程式と4次方程式も解けた

1章では2次方程式に対する解のお話をしました。この章では、まず3次方程式から始めましょう。

3次方程式には、代数学の基本定理によって、高々3個の複素数の解が存在することが分かっています。

ジェロラモ・カルダノ

数学史によれば、古代バビロニアの時代には、すでに特殊な2次方程式の解法が知られていたそうです。しかし、次数を一つ増やしただけの3次方程式の解の公式が見出されたのは、なんと16世紀になってからのことです。イタリアの数学者ジェロラモ・カルダノが、彼の著書『アルス・マグナ』の中でその解法を公表しました。実際には、初めて3次方程式の解法を発見したのはイタリア人数学者のニコロ・タルタリアです。

絶対公表しないとの約束を取り付けた上で、タルタリアはカルダノにその解法を伝授したのですが、カルダノはその約束を破って公表してしまったのです。こういう経緯があるにもかかわらず、その解はタルタリアの公式ではなく、「カルダノの公式」とよばれています。

なお、この3次方程式の解を表現するさいに、カルダノは「虚数」の概念を世界で初めて導入しました。それまでの数学には実数しか存在しなかったのです。数の世界を実数から複素数へと拡大することによって、カルダノは任意の係数に対する3次方程式の解を表す数式を得ることができたのです。それまでは、実数の解が得られる場合の、特殊な3次方程式しか解けなかったのです。ちなみに、1637年、フランスの数学者ルネ・デカルトが複素数の虚部を「想像上の数」（フランス語：Nombre imaginaire）とよびました。これが英語での「imaginary number」（和訳：虚数）にあたります。

カルダノは同じ著書の中で4次方程式の解法も公表します。4次方程式の解法を最初に発見したのは、カルダノの弟子のルドヴィコ・フェラーリです。こちらの公式は、「フェラーリの公式」とよばれます。

3次方程式の解と4次方程式の解のどちらも、方程式の係数から代数的な操作で、つまり四則演算およびベキ根の操作のみを用いて作ることができます。

5次方程式の一般形

$$ax^5 + bx^4 + cx^3 + dx^2 + ex + f = 0$$

2-2 5次方程式は解けない!

2次、3次、4次の方程式の解を得る方法は発見されました。こうくれば、5次方程式も解けると考えるのが人情でしょう。筆者も大学に入るまでそう思っていました。そこには特別な新しい数学理論が必要になるとさえ思えません。

先にも述べたように4次までの方程式は四則演算およびベキ根の操作のみを用いて解を見つけることができるのですから、「5次方程式だって、これらの代数的操作だけで解けるはず」と多くの人々が考え、自分こそが解法の最初の発見者になるべく努力しました。ここで、方程式を「代数的に解く」ことの厳密な意味は、対象とする方程式の係数から出発して四則演算およびベキ根をとる操作を有限回繰り返し、方程式の根を表現することをさします。操作の回数が無限ではなく有限であることに注意してください。

誰一人として一般的な5次方程式の解を運よく見つけられなかった頃、青年エヴァリスト・ガロアは、次数が素数である方程式(1次方程式、2次方程式、3次方程式、5次方程式など)の解法に関する論文をフランス学士院の数学界の大御所オーギュスタン＝ルイ・コーシーに提出しました。ガロアは、フランスの名門理工大学エコール・ポリテクニクの受験に二度失敗し、高等師範学校エコール・ノルマル・シュペリウールに入学したばかりの10代の学生でした。

コーシーはその論文を紛失してしまいます。その後、ガロアはそれを書き直してフランス学士院に再提出しました。今度は、その論文の審査員であるジョゼフ・フーリエが急死してしまい、またしてもガロアの論文は行方不明になるという不運が続きます。同じ学士院の数学者シメオン・ポアソンが、ガロアに再度論文を提出するように促し、「方程式のベキ根による可解条件についての考察」という題目のわずか11ページの短い論文をガロアは提出しました。しかし、1832年、その論文が掲載される前に彼は決闘で20歳の若さで命を落としたのでした。さらに、掲載された後も10年以上、彼の成果が注目されることはありませんでした。

エヴァリスト・ガロア

5次方程式が代数的に解けないことは、ガロア以前に「アーベル＝ルフィニの定理」によって示されています。しかし、その定理の証明は技巧的なものでした。のちに「ガロア群」とよばれる新しい概念にガロアはたどり着き、そのガロア群の構造を用いて、非常に見通しのよい形で「5次方程式が代数的に解けないこと」を簡潔に証明したのでした。

2-3 5次方程式の秘密

5次方程式は、4次方程式とは何が本質的に違うのでしょうか。まず、2次方程式から復習しましょう。

2次方程式の解の公式を我々は知っています(1章6節参照)。その解の公式を用いて、その2次方程式の「二つの解の差」を2乗したものを計算すれば、その結果を元の2次方程式の係数を用いて表現することができます。

この量は、解を入れ替える操作に対して値を変えません。このことを、入れ替え(数学では「置換」とよびます)に対して不変とよびます。また、この「二つの解の差」を2乗したものを「対称式」とよびます。

2次方程式の「解の公式」において根号の前の符号がプラスのものを1番目の解とし、根号の前の符号がマイナスのものを2番目の解としましょう。「解を入れ替える」とは、1番目の解の中身と2番目のものとを入れ

2次方程式
(二つの解が x_1 と x_2)
に対する対称式

$$(x_1 - x_2)^2$$

替える操作のことをさします。

先ほどの対称式には個性がありません。二つの解を入れ替えても区別できないからです。そこで、その対称式の平方根を取ると、2種類の解の差が得られます。1番目の解から2番目の解を引いたもの、そしてその逆符号のものの二つです。先ほどの解どうしの入れ替えに対して、これら2種類の量はもはや対称ではありません。全体の符号が反転するからです。このことを使えば、四則演算とベキ根（2次方程式の場合は平方根）で2次方程式の解を構成できることが示せます。

同様の議論が、3次方程式でも可能です。3次方程式の場合、解が三つ存在します。二つの解の差は3通りあります。この3通りの解の差を考え、その2乗を取ります。

3次方程式
(三つの解がx_1、x_2とx_3)
に対する対称式

$$(x_1 - x_2)^2$$

$$(x_2 - x_3)^2$$

$$(x_3 - x_1)^2$$

解の入れ替えに対して、この量は不変ですから対称式です。この解の入れ替えの種類の数がちょうどよい値のため、偶然に「3次方程式」の解も代数的に構成することが可能だったのです。代数的な解を必ず作れたのは、実は必然ではなかったのです。

4次方程式の解を探す操作は、フェラーリらが見つけた技巧的な方法を用いることで、3次方程式の解を探す問題に帰着できます。その幸運な結果、4次方程式の解を代数的に構成できます。

一方、5次方程式においては、解の入れ替えの組み合わせの数が大きすぎて、代数的に解くことが不可能になります。

ガロアは、この入れ替えに関してガロア群という概念に気づき、「4次方程式までのガロア群が満たす『可解』とよばれる性質を5次方程式に対するガロア群が満たさないこと」を彼の短い最終論文において証明しました。「5次方程式に対する代数的な解の不可能性」を彼の言葉にてエレガントに論文で説明したのでした。しかし、ガロアの言葉はあまりに革新的だったため、当時の一流の数学者でさえその論文の価値を真に理解できなかったのです。

2-4 5次方程式の解が見つかる

しかしながら、5次方程式の話には続きがあります。1858年、フランスの数学者シャルル・エルミートが楕円関数を用いた5次方程式の解法を発表しました。ほぼ同時期に、イタリアの数学者フランチェスコ・ブリオッシとドイツの数学者レオポルト・クロネッカーもまた同等の解法を見出しました。

このエルミート＝ブリオッシ＝クロネッカーの解法は、3次方程式のある解法の拡張になっています。3次方程式は代数的な解法以外に、三角関数を用いた解法が知られています。三角関数は代数的な関数ではありません。実際、三角関数のテイラー展開である無限級数展開が知られています。

三角関数sin(x)の無限級数を用いた表示

$$\sin(x) = x - \frac{1}{6}x^3 + \frac{1}{120}x^5 - \cdots$$

高校の数学で、三角関数の「倍角公式」を習ったかもしれません。三角関数を2乗したものを、元の角度を2倍にした三角関数と結びつける公式です。さらに3倍角の公式も存在します。これは、三角関数を3乗したものを、元の角度を3倍にした三角関数などと関係付ける数式です。この3倍角の公式を用いて、3次方程式に対する解の表式を作ることが可能です。この解は、元の方程式の係数から有限回の代数的な操作（四則演算とベキ根）によって得ることはできません。なぜなら、三角関数が代数的な関数でないからです。

実は、楕円関数には「5倍角の公式」が存在します。このことを用いて、エルミートらは5次方程式に対する代数的でない解を得ることに成功したのです。

エルミートらの解の存在は、アーベル＝ルフィニの定理やガロア理論と矛盾しません。なぜなら、その定理やガロア理論の結論は「代数的な解が存在しないこと」だからです。代数的でない、例えば無限回の代数的な操作（四則演算とベキ根）で得られる解は、その非存在定理の呪縛から逃れることが可能なのです。

明治時代、日本から米国への移動手段は何週間もかかる船旅しかありませんでした。20世紀になると飛行機が登場して、今では出発したその日のうちに、日本から米国に移動することが可能になっています。その飛行機を用いても、人類は月までは行けません。しかし、人類はロケットを開発し、月に到達できるようになりました。このように、手段を変えれば、到達できる範囲も変わってきます。同様に、数学の世界でも許される数学的操作への制限・条件を変更すれば、その数学理論が適用できる範囲も変わってくるのです。その結果として、ある問題が解けるか解けないかということが、前提とする数学的条件や手法に依存することがあります。

このような5次方程式の解法をめぐる話は大変興味深いものです。このことから本書の核心である「三体問題の解」を考察するときにも重要となる教訓が一つ得られます。ある方程式が「解ける」あるいは「解けない」ということを論じるさいには、その解を得るための手段——例えば代数的な操作に限る——をはっきりとさせる必要があるのです。

3章
ケプラーの法則とニュートンの万有引力

3-1 彷徨《さまよ》う星

この章は天文学の話から始めましょう。いにしえから人類に馴染《なじ》みのある天体といえば、月や明るい金星などの惑星でしょう。惑星が、夜空で輝く他の星たちと違う動きをすることに古代の人たちも気づいていました。他の星たちは、もちろん季節によって見える方角は変わりますが、数日くらい経《た》っても地球から見える方角は変わりません。後世に天文学が発達するにつれて、その理由は、こうした星が太陽系の外にあり、十分に遠方にあるためだと分かりました。

一方、惑星は星の運動とは違う運動をしているように見えます。これは、惑星が地球と同じ太陽系に属しているからです。

惑星の英語名「planet（プラネット）」の語源は、ギリシア語の「プラネテス」だそうです。その意味は「放浪者」「彷徨う人」だと考えられています。江戸時代に鎖国していた日本において、幕末の短い期間を除くと、外国とのわずかな窓口は長崎の出島にあるオランダ商館に限られていました。そのため長崎にはオランダ語の日本人通訳が在住していました。オランダ語通訳の本木良永が寛政４年（１７９２年）に、コペルニクスの地動説を日本語に翻訳するさいに初めて「惑星」という造語を用いました。あまり知られていないことですが、この惑星という単語は日本発祥なのです。コペルニクスの地動説は、本木の訳書『天地二球用法』によって日本に紹介されました。本木は、それ以外にも『阿蘭陀海鏡書《おらんだかいきょうしょ》』という翻訳書も残しています。こちらは、古代ギリシアのクラウディオス・プトレマイオスの天動説中心の書物です。ちなみに、英語圏ではプトレマイオスと言っても通じず、トレミー（Ptolemy）とよばれています。私はＰｔｏｌｅｍｙの単語を外国人相手の会話で用いたことがありませんが、最初のローマ字のＰは発音しないそうです。

惑星、文才のない筆者なら「放浪星」なんて陳腐な名前を付けそうですが、江戸時代の学者は文学にも秀でていて「惑わせる星＝惑星」という浪漫《ロマン》を感じさせる造語を作っています。ちなみに、中国では惑星のことを「行星」と書くそうです。

さて、いにしえの人類は、この惑星を空にただ彷徨っている天体のように考えていたのですが、惑星の運動を定量的に調べ、その規則性を見出す人物が現れます。

3－2　国外追放された天文学者

1546年、デンマークの裕福な貴族の家にティコ・ブラーエは生まれました。良い教育を受けた彼は、天文学の研究と観測機器の作製に取り組みました。デンマーク王フレデリク2世の庇護《ひご》を受け、天文台を建設する資金援助も得ました。ブラーエは新星に関する重要な発見などの天文学的成果をあげますが、デンマークの次の王クリスティアン4世とは不和になり、国外追放の憂き目に遭ってしまいます。しかし、彼の才能は見放されませんでした。ほどなく、ボヘミア王であり神聖ローマ皇帝のルドルフ2世が、彼を皇帝付きの天文学者としてプラハに招聘《しょうへい》したのです。ブラーエは、皇帝からの資金援助を得て、新しい天文台を建設できました。1600年から翌年に亡くなるまで、その最新鋭の天文台で

ヨハネス・ケプラー

ティコ・ブラーエ

観測を行いました。

3−3　彷徨う星は規則的に動いていた

ブラーエの天文台での観測の補助をしていたのが、ヨハネス・ケプラーです。ケプラーは神聖ローマ帝国領内にある商家に生まれました。しかし、4歳のときに天然痘に罹《かか》り、身体に不自由が残ってしまいます。さらに、生家の家業が傾くなどつらい幼少時代を過ごします。苦学生として奨学金を受けてドイツの名門テューービンゲン大学で学んだ後、彼はオーストリアのグラーツにあるプロテスタント系の学校で教師の職を得ます。そこで数学と天文学を教えました。

しかし、1598年、のちの神聖ローマ皇帝で、当時はオーストリア大公であったフェルディナント2世が、グラーツの街からプロテスタントの聖職者と教師をことごとく追放してしまいました。この教育弾圧とでもいうべき事件にケプラーも巻き込まれます。しかしこれが、その後の科学史の大転回につながるとは、何という歴史の皮肉でしょうか。

ティコ・ブラーエが、失職中のケプラーに観測助手の職を提示してきたのでした。困窮していたケプラーはこれを受け入れ、プラハに移り住みます。その後、働き始めてわずか1年半で、雇い主のブラーエが亡くなってしまいます。そこにはブラーエが何十年も続けた観測データが残されていました。ケプラーは、ブラーエの遺言に従って、彼が遺《のこ》した観測データの整理と分析を理論家として行います。その分析から、ただ天空を彷徨っていると考えられていた惑星の運動に、実は規則性が存在することを見出したのでした。

ケプラーの第1法則
惑星の軌道は、太陽を一つの焦点とする楕円をなす。

歪《ゆが》みのない円（真円）こそ調和的であり美しいものです。これは子どもでもそう思っています。幼児の初期のクレヨンを用いたお絵描きは大体、線とまる（円）と相場が決まっています。中世までの宗教観と相まって、天体の運動は真円で記述できるという先入観が西洋では支配的でした。この考えを打ち破って、惑星の軌道の形は、真円からずれた楕円であることをケプラーが発見したのでした。

厳密なことをいえば、太陽と惑星の共通重心（質量の中心）が楕円の焦点となります。ただし、太陽の質量は惑星よりも桁違いに大きいため、太陽を焦点としても当時の観測誤差の範囲内でデータをうまく説明できます。

ケプラーの第2法則

惑星と太陽を結ぶ線分が単位時間あたりに掃《は》く面積は一定である。（「面積速度一定の法則」といわれることがあります。）

図3－1を見てください。惑星と太陽を結ぶ線分の長さは一定ではありません。このことが面積速度一定の帰結を理解する上で重要です。惑星が太陽にいちばん近くなる位置を「近日点《きんじつてん》」とよびます。逆にいちばん遠くなる場所を「遠日点《えんじつてん》」とよびます。近日点と遠日点の真ん中の漢字「日」は、太陽のことをさします。従って、太陽ではなく他の星のまわりの楕円軌道を考える場合には、近日点や遠日点とはいわずに、近星点や遠星点とよびます。また、具体的な天体ではなく、抽象的な二つの天体の運動を論じる場合には、そこに太陽が含まれるのかをいちいち区別するのが面倒なので、単に「近点」や「遠点」とよびます。この本でも、とくに太陽の

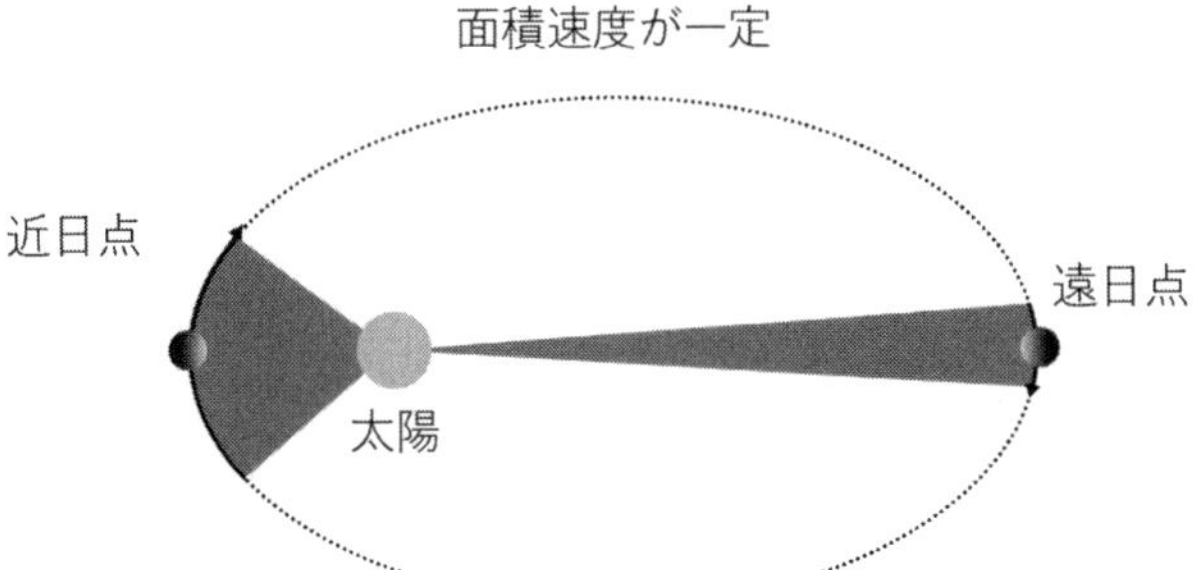

図3－1　ケプラーの第2法則

場合に限定しない文脈では、近点・遠点を用いることとします。

先の図3－1の近点では惑星と太陽を結ぶ線分の長さが最短になります。一方、遠点では、その線分の長さはいちばん長くなっています。図から想像がつくように、同じ時間間隔ならば、線分の長さが短い分、面積が同じであるためには楕円の円弧部分の長さが長くなる必要があります。楕円の円弧部分の長さが長くなれば、同じ時間で動いた距離が大きくなりますから、その惑星の速度がそこでは大きくなっていることを理解できます。

しかしながら、AI（人工知能）はおろかコンピュータや電卓などの計算支援をする道具が存在しない時代に、ケプラーが観測データから複雑な面積を計算して「面積速度一定」を見出したことには驚かされます。

ケプラーの第3法則

惑星の公転周期の2乗は、楕円軌道の長半径の3乗に比例する。

まず、長半径とは楕円において中心からいちばん遠い点までの長さのことです。同様に、短半径は楕円において中心からいちばん近い点までの長さのことです。

この3番目の法則もまた、コンピュータなどが存在しない時代によく見出せたものだと感心させられます。現代ならば、大学生の演習科目、ひょっとしたら高校の理科の自由課題の演習（あるいは高校の科学部の活動）でさえ、コンピュータを用いて観測データをグラフに描いて見つける（正確にいえば、再確認する）ことはできるでしょう。

1番目と2番目の法則は2次関数の取り扱いで何とかなります。しかしながら、3番目の法則は、2乗した量と3乗した量の間の比例関係です。手計算で、それもたった一人で算出するのは大変だったことでしょう。実際、第1法則と第2法則を1609年にケプラーが発表してから、第3法則の発表までには10年の歳月が流れていました。

3-4　天空の法則を地上の科学で解き明かす

中世の西洋において、天空の出来事は神様の営みであり、人類の叡智《えいち》の及ばないものだと思われていました。しかし、その天空の振る舞いのうち、惑星運動における規則性がケプラーによって見出されました。大胆にも、神様が定めた惑星運動の法則を説明することに挑戦する科学者が現れます。

アイザック・ニュートン、彼もまた生誕の3ヵ月前に父親を亡くすという悲劇に見舞われ、苦難の幼少時代を過ごします。彼の才能に気づいた親類らの援助もあり、ニュートンはケンブリッジ大学のトリニティ・カレッジに入学しました。ルーカス数学講座の初代教授アイザック・バローは、ニュートンの非凡な才能を見抜きます。彼の推挙もありニュートンは奨学金を得ました。折も折、ロンドンではペストが大流行していました。郊外にあるケンブリッジ大学も閉鎖されてしまいます。ニュートンはやむなく故郷に疎開します。ペスト禍を逃れるために田舎に戻っている間、一人でじっくりと深い洞察を凝らすことができたのです。そこで、彼は「万有引力」や「微分積分学（の発想）」にたどり着いたのです。

3-5　ニュートン力学

ここでは、古典力学といわれるものを取り上げます。なかでも「ニュートン力学」、ニュートンが「運動の法則」を出発点としてまとめ上げた物理学における理論体系の話をします。

ニュートンが活躍する前から、オックスフォード大学のロバート・フックを始めとする科学者によって力学に関する多くの知見が得られていました。これらの言わば雑多な知見・法則を「運動の法則」を出発点とする美しい体系にまとめ上げたのがニュートンです。

その体系の数学的な記述には、ニュートンが発明した微分積分が必要です。ただし、積分法はドイツのゴットフリート・ライプニッツにより独立に、より数学的に厳密な形で定式化されています。

力学の第1法則

力を受けない限り、物体は静止もしくは等速度運動を続ける。

静止とは、物体がその場所から動かずにそこにとどまることです。一方、等速度運動は説明が必要ですね。物体の速度とは、物体の速さ以外に、動く向きの情報もあわせ持たせたものです。これは現代の数学では、ベクトルを用いて表現することができます。

等速度とは、速度が一定であることです。従って、物体の運動が等速度であれば、速さが同じ値のまま、物体が動く向きも同じで変わりません。物体が動く向きが同じままなので、同一の直線の上を常に移動することになります。

この第1法則は、力が働かない状況「力＝0」とはどういうことなのかを定義しているのです。力が働かなければ、物体が移動しないのではありません。たしかに力が及ぼされなければ、静止しているボールは静止したまま移動しません。

しかし、ボウリング場を想像してみてください。腕を振ってボールに力を与えて投球します。その後、ボールはピンめがけて転がっていきます。転がっている間、投球した人からの力は働きません。手から離れたボールには、投球した人からの「ピンに当たれ、ゴー」という気持ちくらいしか届きません。現実には、ツルツルに見えるボウリング場のレーンにさえわずかな抵抗があるため、最終的にボールの進路は曲がってしまいます。このレーンが理想的にツルツルで抵抗が働かないと仮定しましょう。この場合、ボールの進路は変わらず、つまりある直線の上をボールは移動し、速さの増減も起こりません。これが等速度運動です。要するに、理想的にツルツルのレーンの上をボールが転がっているとき、力は働いていないのです。しかし、速度を保ちながらボールは移動し続けます。

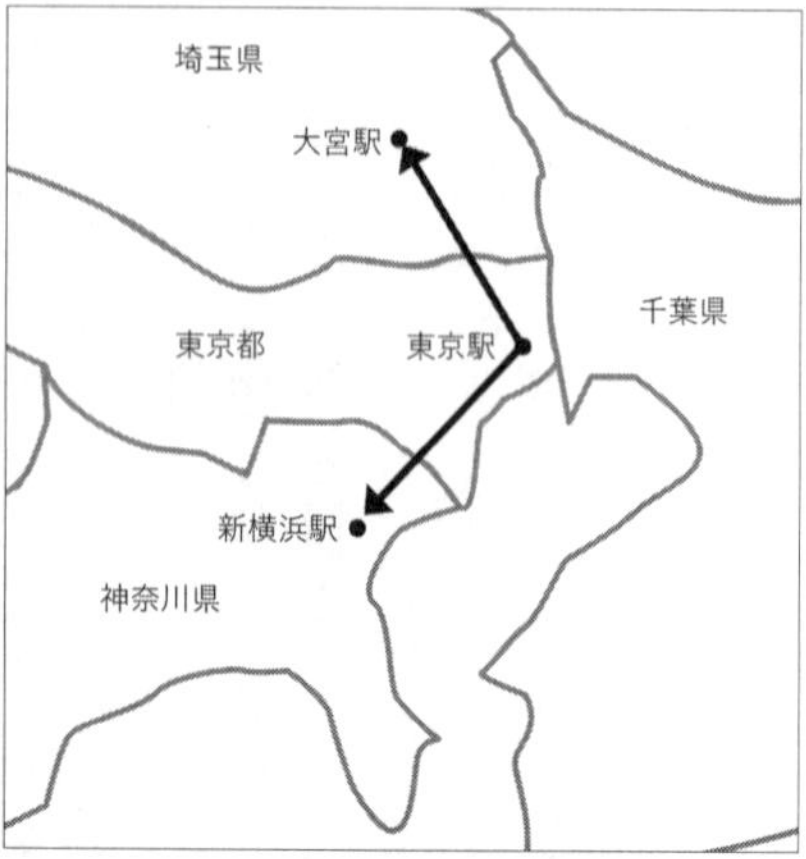

図3－2　物体の速度と向き

東京駅から大宮駅に向かう新幹線、新横浜駅に向かう新幹線の速度は、速さが同じでも、向きが異なるので区別される。

力学の第2法則

物体に働く力は、その物体の質量と加速度の積である。

この法則の定義には、微分学の祖であるニュートンの真骨頂が表れています。この法則は、力とは何なのかを数学的に定義したものといえます。この第2法則によって、力を数値化して定量的に議論することが可能となりました。

加速度という量は、それ以前の時代には存在していませんでした。まずは速度の復習をしましょう。小学校で習う速度は、平均速度とよばれるものです。例えば、二つの地点の間の距離が10㎞だったとします。その間を自転車で移動する状況を思い浮かべてください。

もちろん移動の経路は最短距離の直線とします。2点間の移動に1時間かかったとすると、平均速度は時速10㎞になります。

平均速度は、移動途中の状況を教えてくれません。いまの例では、常に時速10㎞だったかもしれません。あるいは、途中で休憩して1時間かかったのかもしれません。簡単な計算ですむので平均速度は便利な量なのですが、力学の議論ではあまり役に立ちません。

常に時速10㎞で物体が移動した場合、運動の第1法則を用いれば、その物体には力が働いていません。しかし、途中で休憩（静止）した場合、その前後では時速10㎞とは違っているはずです。自転車を止めるためにブレーキをかけます。これは、自転車に力を及ぼして、その速度を減じています。一方、途中休憩から走り出すときにペダルをいっぱい踏み込むことで、自転車の速度は増していきます。ペダルを踏み込むことで、自転車のチェーンをより速く回転させた結果、自転車に力が及ぼされるのです。

こうした例から分かるように、力が働くことと速度の変化には何らかの関係があります。速度の変化の具合に「正比例」するとして力を数学的に定義したものが、運動の第2法則なのです。

この運動の第2法則ですが、力の性質が分かっていて物体の質量も決まっている場合、物体の加速度が求まります。さて、加速度とは何でしょうか。

さっきの自転車の例で見た通り、物体の速度は常に一定とは限らず、移動の途中で速度が変化する場合があります。速さが同じままで向きだけが変わる場合もあれば、向きは同じで速さだけ変わる場合もあります。自転車で移動する例は、後者の場合です。さらに、速さも向きも両方とも変わる場合もあります。

加速度は速度の変化を表す量ですが、これを数学的に定義するには平均速度を用いたままでは不十分です。速度を用いることが必要です。平均速度は、ある有限の時間長さ、先の例では1時間というものを用いて、「距離÷時間長さ」で定義しました。この1時間という有限の時間長さを、1分間、1秒間、という風にどんどん短い時間間隔にしていき、ゼロに近づけます。このとき、厳密にゼロにはしないでください。

ちなみに、英語のzero《ゼロ》はインド発祥の数の0を表します。一方、漢字の「零」はこの0が中国に伝わり漢字になったものです。ただし、漢字の零は数の0の意味以外に、「僅《わず》か」という意味も持ちます。例えば、零細企業といっても、従業員0人、資本金0円を意味しませんよね。「僅か」という意味で、零という漢字が用いられています。

　脱線ついでに、天気予報に関する話題を一つ。降水確率「0パーセント」のことを気象予報士は「れいパーセント」と言い、決して「ゼロパーセント」とは言いません。降水確率のパーセントの数は10刻みで四捨五入しているからです。4パーセントの場合、天気予報では「0パーセント」の表示になります。僅かな降水確率が残っているので、「零《れい》パーセント」と言っているのです。従って「0《れい》パーセント」の予報のときにも雨が降ることがあるのです。

　本題に戻りましょう。時間長さで割るときに、その時間長さをゼロに近づけると、小さな数で割り算することになるので、分母がど

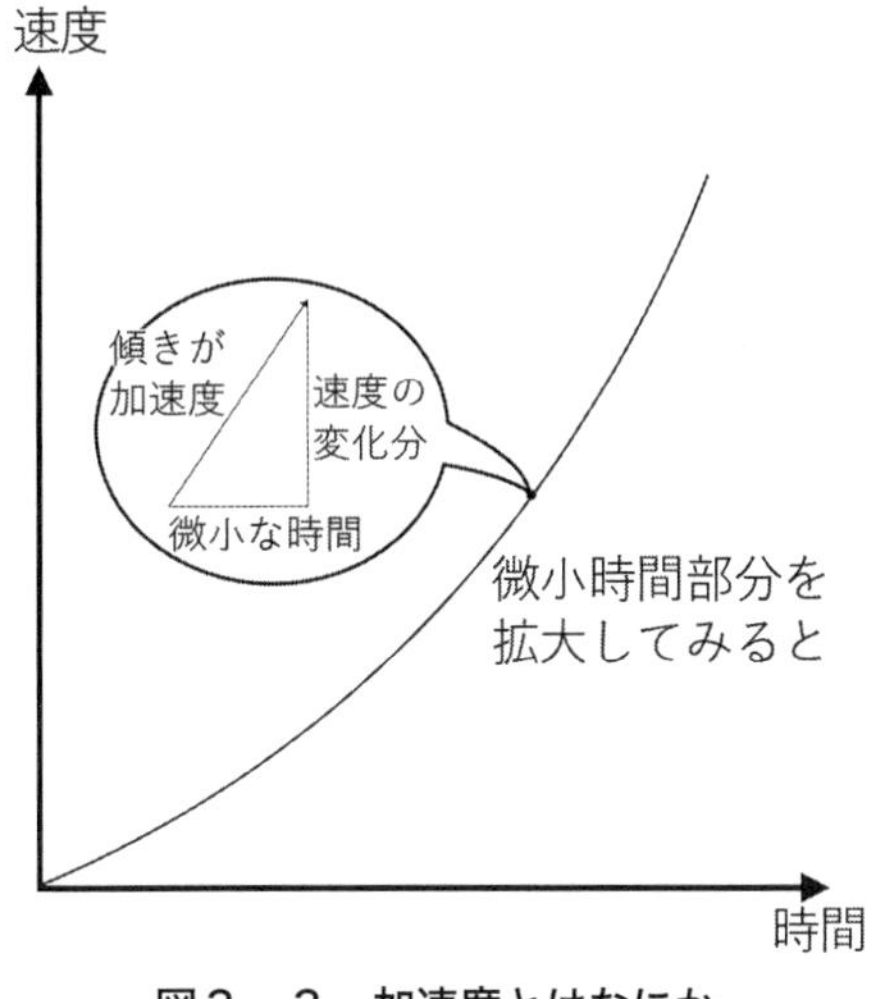

図3－3　加速度とはなにか

んどん小さくなっていき、結果、速度がどんどん大きくなり、しまいには無限大になってしまうような気がするかもしれません。そんな心配は無用です。自転車の例で、1分間や1秒間に移動できる距離を想像してみてください。時間間隔が短くなるにつれて、移動距離もどんどん短くなっていきます。時間長さをゼロに近づけても、求まる速度は有限の大きさにとどまります。このゼロに近づける操作を「極限《きょくげん》」とよびます。

この極限を取る操作によって、速度を数学的に定義することができました。この速度は、移動区間全体の平均速度ではありません。各時刻での物体の速度を表します。

速度は距離が時間的に変化する比率を表します。縦軸に距離、横軸に時間をとって、運動する物体の位置をグラフで表せば、そのグラフの各時刻での傾きが速度に相当します（図3－4）。

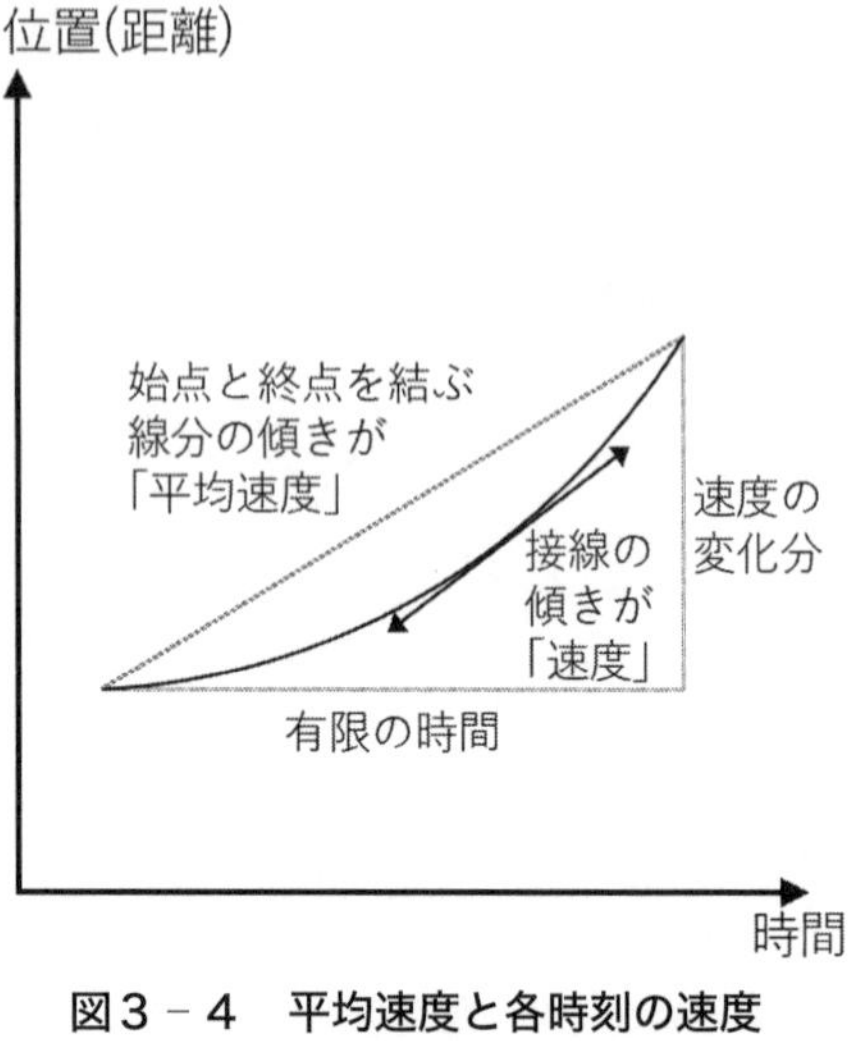

図3－4　平均速度と各時刻の速度

そして、この割り算（分数）において割る数（分数の分母）をゼロに近づける——極限を取る操作によって、「微分」という新しい数学的概念をニュートンは作り出したのでした。もちろん、極限を取る操作や近づく先がどうなるかには数学的な曖昧さがあり、後世に「イプシロン・デルタ論法」というものが開発され、その曖昧さから生じる困難は取り除かれました。

この「イプシロン・デルタ論法」は、大学の理系新入生が履修する「微分積分学」の講義における第1関門でした。しかし、最近の「親切な」教養授業としての「微分積分学」の講義では計算技法を重視して、その論法を教えない傾向が増えているそうです。でも、ＡＩが幅を利かせている時代だからこそ、計算機が得意とする計算技法よりも論理・論法を新入生はもっと学ぶべきだと感じているのは筆者だけでしょうか。

さて、ようやく加速度を数学的に定義する準備ができました。加速度とは速度が時間的に変化する比率を表します。割り算を用いて表せば、短い時間間隔の間に速度が変化したとして、「速度の変化分÷その時間間隔」において時間間隔をゼロにする極限にしたものです。

例えば、等速度で運動する場合、速度は一定ですから「速度の変化分」はゼロです。従って、加速度もゼロになります。速さが増えている状況では、速度の変化分は正ですから、加速度も正の量になります。ここでは、物体の進行方向を正の向きとしています。よって、進行方向と逆向きは負の量になります。

一方、速度が減っている状況では、速度の変化分は負ですから、加速度はマイナスの量です。

空間内を運動する物体の速度は速さと向きの両方を表しますから、物体の加速度もまた大きさと向きを持ちます。数学的にはベクトルを用いて表されます。

運動の第2法則で規定される力もベクトルを用いて表されます。つまり、力を議論するときには大きさだけでなく、向きも考慮してください。

運動の第2法則を思い出してください。力は加速度に正比例します。また、このとき比例定数は物体の質量なので正です。加速度が正の場合、力の符号はプラスになります。この場合の力を斥力とよびます。逆に加速度が負の場合、力の符号はマイナスになります。こうした力を引力とよびます。

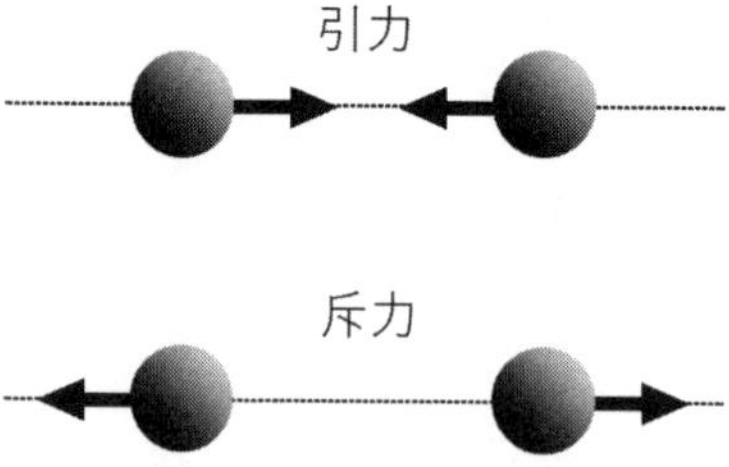

図3－5　引力と斥力

力学の第3法則

二つの物体を考える。物体Aが物体Bに力を及ぼすとき、物体Bは物体Aに同じ大きさで逆向きの力を及ぼす。

この法則は、第1法則、第2法則とは趣《おもむき》が異なります。第1法則と第2法則は、1個の物体に対しても成立します。しかし、この第3法則は、2個以上の物体の存在を前提としたものです。とくに万有引力の議論において重要なことは、二つの物体の間の力に対して、片方（仮に物体Aから物体Bへ）の力が分かれば、もう一方（物体Bから物体Aへ）の力が直ちに得られることです。なぜなら、力の大きさが同じで逆向きだからです。

3-6　万有引力の法則

ニュートンは木からりんごは落ちるのに、なぜ月は地球に落ちてこないのかを考えました。この時代、月が地球のまわりを回っていることは分かっていました。地球を回っている月には遠心力が働きます。我々が車や電車に乗っているとしましょう。その乗り物がカーブを曲がっているときに、身体にはカーブの外に押し出される力が働きます。これが遠心力です。同様に、地球を回る月にも外側に向けて遠心力が働いているはずです。ここで、もし遠心力だけが月に働くのなら、月はその外向きの力（斥力）によって遠ざかっていくはずです。しかし、地球から遠ざかることはありません。ということは、目には見えない別の力が引力として月に働いているはずだということにニュートンが気づきました。

ニュートンは彼の数学的才能を活かして、その目に見えない力の正体が二つの天体間の距離の2乗に反比例する引力であることを突き止めました。二つの天体の質量をM_1およびM_2としましょう。2体間の距離をRとすると、その関係は下のように表せます。

ここで、Gは「ニュートンの万有引力定数」とよばれる普遍的な正の定数です。ここで普遍的な定数というものは、物体の組成や性質などに依存しない、同一の値です。

下の数式は万有引力を表したものです。力はベクトルが表すように、大きさと向きを持ちます。万有引力はもちろん引力ですから、符号のマイナスを先頭に付けます。この数式にたどり着く道のりを以下で説明します。

万有引力の大きさを表す式

$$\frac{GM_1M_2}{R^2}$$

M_1およびM_2は、二つの天体の質量で、万有引力は正比例します。その2体間の距離がRです。万有引力は距離Rの2乗に反比例します。これらの関数形にかかる定数係数が万有引力定数のGです。

3-7 万有引力の法則で観測事実を説明できる

すでに述べたように、ニュートン生誕より半世紀ほど前に、ケプラーが惑星運動に関する三つの法則を発見していました。

ケプラーの三つの法則は素晴らしい科学的成果です。普通の人ならば、その発見にただただ敬服するだけでしょう。しかし、なぜ惑星がそのような運動をするのか、その原因を追究することはしません。ニュートンはその原因を考察し、ついに人類史上に残る大発見をします。

ニュートンは、地球を回る月が、なぜ遠心力で外側に飛ばされないのか？　という謎解きに挑みました。遠心力は斥力なので、何か未知の力（引力）が月に働き、その結果として、斥力と互いに打ち消し合うようにして、月は地球のまわりにとどまっているのではないかと考えました。

その当時、月に働く引力は知られていませんでした。

我々が手で摑《つか》んでいる物から手を離せば、その物体は地面に落ちます。何らかの力が物体に働き地球に引き寄せているとニュートンは考えました。さらに「同じ力」が地球の表面付近だけでなく、地球の外側まで及んでもいいはずだと気づきます。その力が月に働いているとすれば、遠心力

図3－6　ニュートンの発見

月が遠心力によって地球から離れていかないことから、遠心力を打ち消す力（引力）を発見した。

によって遠ざかろうとする月をその力によってつなぎ止めることができるのではないかと考えました。

ニュートンは万物に働く引力という意味で、万有引力という着想を得ます。手を離して地面に落ちない物体はありません。万物にその未知の力は作用しているはずです。

すでに、ガリレオ・ガリレイによる有名なピサの斜塔からの落下実験により、物体の落下の加速度はその物体の素材・組成さらに質量にさえよらないことが分かっていました。

ニュートンの運動の第2法則を思い出してください。物体に働く力は、質量と加速度の積です。万有引力による加速度が物体の質量に依存しないということから、その力は物体自身の質量に正比例することが分かります。

さらに、ニュートンの運動の第3法則から、地球が物体に力を及ぼしたとき、その物体は地球に同じ大きさの力を逆向きに作用させることが分かります。先ほどの論法と同じやり方で、つまり地球と物体の立場を入れ替えれば、その未知の力は地球の質量に正比例しなければなりません。

この二つの考察を合わせると、二つの物体の間に働く未知の力は、その二つの物体の質量を掛け合わせたものに正比例することになります。

また、その未知の力は、二つの物体の間の距離に依存するはずです。では、その力はどういう形で距離に依存するのでしょうか。この計算の詳細には、大学初年度の力学の講義レベルの知識が必要になるので少し触れておくだけにしましょう。

ケプラーの第1法則は、惑星の軌道が楕円であることを述べています。さらに、第2法則は、面積速度が一定であることをさしています。これらのことを満たす物体に対して、ニュートンは、彼の運動の第2法則を考察しました。

物体の加速度を第2法則の数式に代入することで、どんな力なのかが分かります。実際に楕円軌道であることと面積速度一定の条件のもとで、物体の加速度を計算すると、その加速度が物体間の距離の2乗に反比例することが求まります。従って、その知りたかった未知の力＝万有引力もまた、物体間の距離の2乗に反比例します。このことを「逆2乗則」ということがあります。

以上の結果をまとめたものが、3－6節で紹介した「万有引力を表す式」です。

この逆2乗則を計算で導出する過程から明らかなように、ニュートンの万有引力は、ケプラーの第1法則と第2法則を説明します。計算の出発点であるケプラーの第1法則と第2法則を説明する、というのは、少しおこがましいかもしれません。ニュートンの万有引力はケプラーの第1法則と第2法則と整合する（つじつまが合う）ように関数の形を選んだという言い方が無難かもしれません。

残るケプラーの第3法則もまた、ニュートンの万有引力を用いることで示すことができます。

こうして、慧眼《けいがん》なニュートンは、惑星の運行法則から万物の間に働く引力の存在および性質を明らかにしたのです。

3-8 ベルトランの定理

逆2乗則に従う力、とくに万有引力が働く二つの物体の軌道の形は楕円になります。

ここで、一つの疑問が湧いてきます。

運動する物体の軌道の形に着目します。楕円というのはかなり特殊な曲線なので、その条件をゆるめて閉曲線としてみます。閉曲線とは、両端（始点と終点）が一致している曲線のことです。ある力が互いの間に働いている二つの物体の軌道が閉曲線になるのは、逆2乗則に従う力だけでしょうか？

1873年に、フランスの数学者ジョゼフ・ベルトランは働く力が「中心力」ならば、二つの物体の軌道が閉曲線

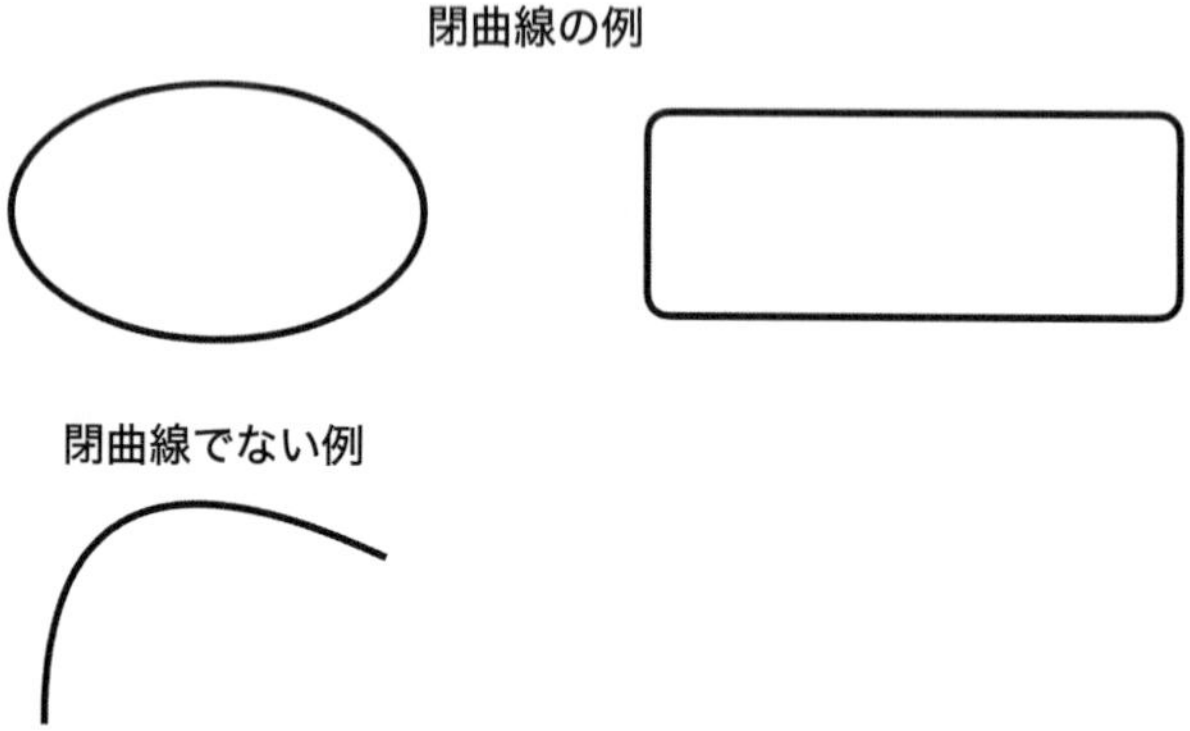

になるのは、その二つの間に働く力が、距離に正比例する場合、あるいは2乗に反比例する場合の2通りに限られることを証明しました。ここで「中心力」とは、ある原点と物体の間に働く力が、その原点から物体までの距離のみに依存し（つまり原点から見た物体の方向によらず）、その力の向きが常に原点と物体を結ぶ線分に沿うものです。その原点は中心と見なせます。

万有引力と、電荷の間に働くクーロン力は中心力の代表例です。なお、距離に正比例する力の例としては、理想的なバネ（調和振動子という）につながれた物体に働く力があります。仮に天体に働く力が距離に正比例すると考えれば、遠方にある天体に働く力は無限に大きいという、おかしな結果になります。このため、正比例型は万有引力の表式としては棄却されます。こうして、逆2乗の形が万有引力として唯一許されるものだと結論付けられます。

コラム

観測的「二体問題」

太陽系の惑星や彗星の運動はケプラーの法則に従います。そうすると、これらの運動を理解することは簡単だと思えるかもしれません。とくに大学の力学の授業を受けた人、あるいは理系学部卒の社会人の方々にとって。

しかし、力学の計算においては球対称性を用いて、惑星などの公転面（軌道が乗る平面のこと）を計算の初期段階で予め固定しています。実際の観測では、とくに新規に発見された天体の場合、その公転面が空間のどの方向に向いているのか初めは分かりません。その天体の楕円軌道はその公転面に乗っているため、軌道を求めるには、まず公転面を決める必要があります。

多くの天文観測でそうであるように、天体の3次元的な位置を決めることは大変難しいことです。これは身のまわりでの経験や実験室での測定と、天文観測には大きな違いがあるからです。

例えばスマホを想像してください。スマホを持っていれば外出先で自分の位置を精確に把握できます。大抵のスマホにはGPS機能が付いていて、GPSからの電波を受信した携帯電話の基地局（アンテナ）からの位置が測定できるようになっているからです。1個や2個の基地局では位置は特定できません。少なくとも3個の基地局が必要です。時刻合わせまでするなら、4局以上からの同時受信が必要です。

同様に、実験室の測定において位置を決めたい物体を四方八方から（実際には八つの方向を知る必要はありません）観察することで、その3次元的な位置を決定できます。しかし、宇宙は巨大です。太陽系のうち地球の公転軌道より内側にある物体なら、四方八方からの観測が原理的に可能でしょうが、『西遊記』に登場するお釈迦様のような特殊能力がなければ、遠くの天体を四方八方から観測するのは到底無理です。

結果として、天体の位置を決める測定とは、その天体の3次元的な位置ではなく、観測装置（地上に設置あるいは人工衛星に積載）からその天体を見た2次元的な方向を各観測時に測ることになります。

プラネタリウムを思い浮かべてください。天球上に位置する天体、その天体の方向だけが意味を持ち、奥行きは意味を持ちません。プラネタリウムでは、星空が投影されているドーム天井までの距離しかありません。このようなドーム上の天体の軌道を「見かけの軌道」とよびます。十分遠方の天体の場合、この見かけの軌道は、真の軌道を視線に垂直な平面に射影したものとなります。そのため、見かけの軌道は真の軌道とは異なります。真の軌道をちょうど真上から眺めた場合のみ両者が一致します。ここで、天体の性質、例えばその質量などを調べたいときには真の軌道が有用であることは明らかです。

そこで、天体の方向の測定データから、天体の軌道などを決定する天文学を「位置天文学」とよびます。その方向データから真の軌道を推定することを「軌道計算法」もしくは「軌道決定法」とよびます。

軌道計算法を世に送り出したのは、ドイツ生まれの数学界の巨匠カール・フリードリッヒ・ガウスです。1801年、パレルモ天文台の台長ジュゼッペ・ピアッツィが準惑星を史上初めて発見する快挙を成し遂げました。しかし、程なくその発見された準惑星が地球から見て太陽方向に移動したため、しばらく観測できなくなり行方不明になりました。真の軌道が分からなければ、今後、

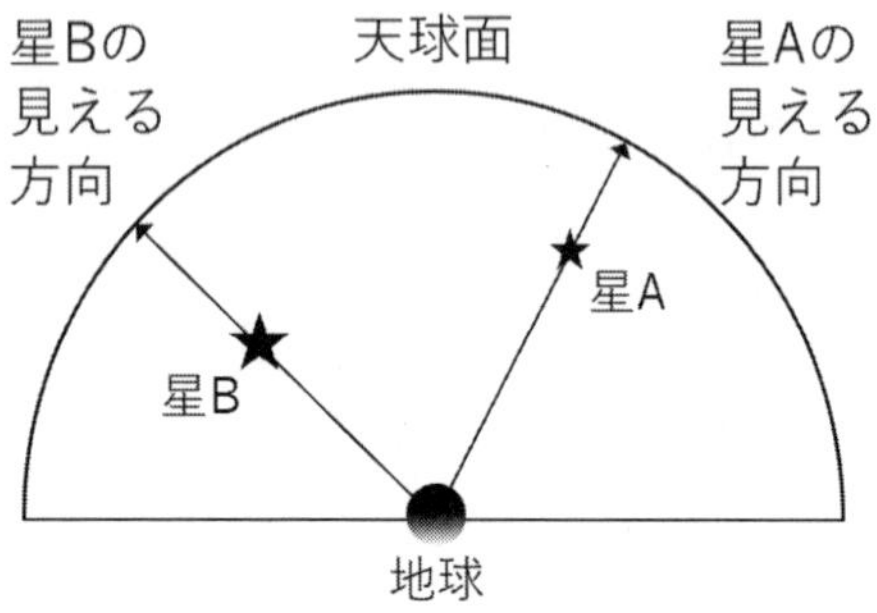

天空のどこに、その準惑星が現れるのか見当もつきません。このとき、ガウスが軌道計算法を開発し、無事にその準惑星を再び見つけることができました。その準惑星はケレスと命名されました。

ケレスは太陽系に属する天体なので、二つの天体の共通重心は太陽の場所にあり、そこが楕円軌道の焦点の一つになっています。この場合、ガウスの軌道計算法は機能します。

しかし、太陽系外にはたくさんの恒星があります。単独の恒星も多くありますが、かなりの割合の恒星は連星をなしています。連星とは2個以上の星が互いのまわりを回っている天体系のことです。こうした連星系の場合の軌道計算法を編み出したのが、フランス人の天文学者のサバリです。

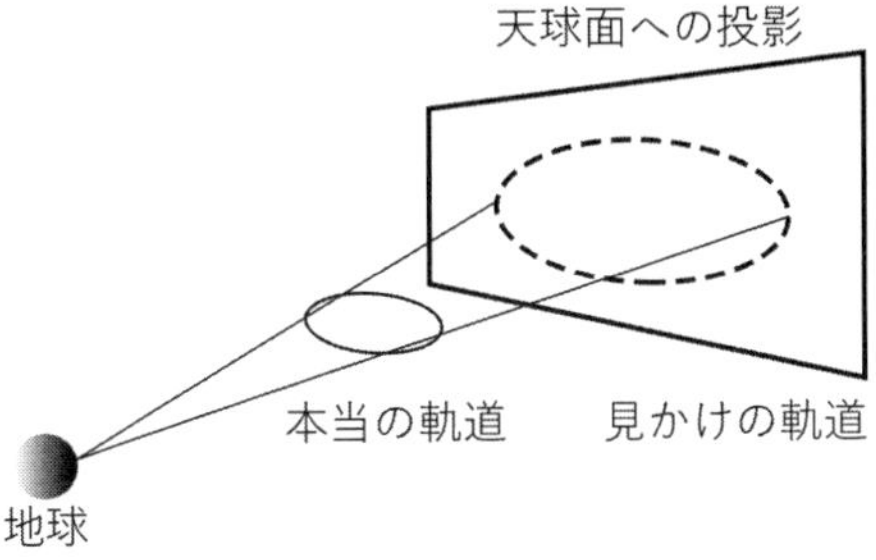

連星の二つの星が見える場合、必ずその二つの星を結ぶ線分の上にそれらの共通重心が存在します。そのことから共通重心の位置が求められます。そして、その共通重心の位置が真の楕円軌道の焦点の一つなので、その焦点の位置を突破口にして、真の楕円の

形を決定できるのです。

20世紀半ばまでの天文学のすべての研究対象は見える天体でした。その後、ブラックホールなどが登場してきます。さらに、ブラックホールのように直接見えない天体と恒星からなる連星も見つかり始めます。見える恒星の運動から、その恒星に見えない相棒が存在する事例が次々と見つかりました。こうした連星のことを「位置天文的連星」とよぶことがあります。

位置天文的連星では片方の星の位置しか直接測定できないため、先ほどの方法では共通重心の位置を決めることができません。２００4年、この問題を初めて厳密な数式を用いて解決し、位置天文的連星の軌道計算法を与えたのが、弘前大学の赤坂俊郎、葛西真寿と筆者の3名です。コンピュータが発達した現在において、実際の研究現場では数値的なデータ解析が行われることになるとは思います。しかし、用いられるコンピュータのプログラムの検証やどういうサイエンスが可能になるかを検討する基礎研究の現場では、我々の定式化が役立つことを期待しています。位置天文的連星を含め星の位置測定の話は、10章で詳しく紹介したいと思います。

4章 三つの天体に対する解を探して

4-1　一体問題と二体問題

宇宙に一つだけ天体が存在するという、極度に理想化した場面を想像してみましょう。他の天体が何も存在しない状況でどうやって1個だけ天体が形成されたのか、という天体物理学的な視点からのツッコミはなしとします。3章で見たように、万有引力は二つの物体の質量に比例します。しかし、他の天体が存在しない場合は2個目の物体の質量はゼロとなり、万有引力は働きません。

運動の第1法則により、その唯一の天体に力が働かないため、その天体の運動は静止するか等速直線運動をするかの2通りしかありません。こうして、方程式を解くという数学的操作をすることなく、一体問題はあっという間に解決してしまいます。

次に、二つの天体を考えます。3個目の天体は存在しないものと仮定してください。これはニュートンが万有引力を導き出すさいに用いた状況です。よってケプラーの法則に帰着します。楕円軌道が二体問題の答えです。ただし、数学的には他の解も存在します。ニュートンが楕円軌道を求めたときには、ケプラーの法則、とくにその第1法則（楕円軌道の法則）を仮定していました。この場合には、二つの天体の間の距離が有限であることが暗に仮定されています。このことは、観測される惑星が遠方に飛び去ることがないため妥当な仮定だといえます。この仮定はゆめることができます。その距離が無限大になってもよいとすれば、二体問題の解として、放物線あるいは双曲線の軌道が可能となります。これは粒子が散乱される様子と似ているため、「散乱軌道」とよばれることがあります。

さらに3種類目の解も存在します。それは、二つの天体がある直線上を移動して衝突してしまう、いわゆる「衝突解」とよばれるものです。ただし、実際の天体どうしが直線運動して衝突する現象は見られません。そのため、この3種類目の解は、純粋に数学的な解だと見なされています。また、この衝突解の亜種も存在します。この衝突解の様子をビデオ撮影したとしましょう。その映像を逆送りするのです。空間のある一点から1個の物体が2個に分裂して、

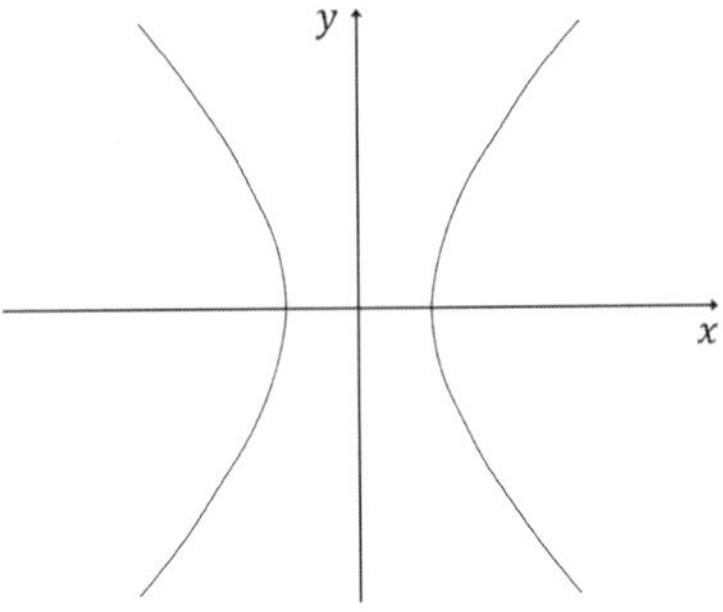

図4－1　双曲線のイメージ

図4－2　衝突軌道の模式図

ある直線上を互いに遠ざかっていくものです。地上からロケットを真上に打ち上げた様子に似た感じでしょうか。このように衝突解、あるいは一点からの分裂で始まる解は特異です。もちろん、ある直線の上をずっと動き続けることも、たしかに「特殊」なのですが、それだけでは学術的な用語として「特異」とまではいえないのです。

では、いつ特異になるのかというと、それは二つの物体が衝突する瞬間です。その瞬間、二つの物体の間の距離はゼロになります。大きさを持たず質量を有する理想的な物体を物理学では「質点」とよびます。文字通り、サイズがゼロの質点どうしの衝突の瞬間に、質点の間の距離が厳密にゼロ（零ではなく）となるのです。3章で紹介した万有引力の表式を思い出してください。その表式の分母は距離の2乗でした。ゼロ（を2乗したもの）で割り算するわけですから、力の大きさは無限大になります。数学や物理学において、このようにある点（広い意味では、ある領域）に近づくと無限大になる振る舞いを「発散する」とよびます。この場合は、万有引力の大きさが発散します。

質点とは理想化した状況を数学的に定義したものです。実際の宇宙に存在する天体には、それぞれ固有の大きさがあります。それゆえ、二つの天体の衝突とは、それらの表面どうしが接触する瞬間といって差し支えないでしょう。この瞬間に二つの天体の中心間の距離は、厳密な意味ではゼロとはなっていません。もちろん宇宙の大きさから比べれば、その距離は十分小さいと見なせます。従って数学での無限大には到達しませんが、万有引力の大きさはとてつもなく大きくなります。以上のようなことから衝突解は特異とよべるのです。

一つコメントを追加させてください。衝突解はある時刻、つまり衝突の時刻までしか成立しません。一体問題や二体問題の楕円軌道は永久不滅に成立します。本書では、特定の時刻までしか、あるいは特定の時刻からしか成り立たない解はなるべく避けることにします。

4-2　三体問題——何に対する方程式なのか

ニュートンの万有引力の理論は、惑星の運動を完全に説明するという素晴らしい成果をもたらしました。その結果、その万有引力の理論は当時の科学者を魅了します。しかし、その具体的な計算は天体が2個の場合に限られていました。

天体が三つある場合が次の問題として直ちに認識されます。

質量が各々M_1、M_2、M_3という三つの天体を考えましょう。ここで天体に番号を1、2、3と付けます。万有引力は二つの質量の積の形で表されます。3個の質量M_1、M_2、M_3から2個の積を選ぶやり方は、M_1M_2, M_1M_3, M_2M_3の3通りあります。数の掛け算は順番によらないので、例えばM_1M_2とM_2M_1は相等しく、互いに区別する必要がありません。

M_1M_2が万有引力の表式に現れるものは、天体番号1と2の間の引力をさします。同様に、M_2M_3がその表式に現れるものは天体2と天体3の間の引力、そしてM_1M_3が現れるものは天体1と天体3の間の引力に対応します。

以上より、三つの天体における万有引力を表す数式が分かりました。2個の天体の組み合わせが3通りあるのに対応して、万有引力を表す数式が3本登場します。力の形が分かったので、運動の第2法則にそれを代入して各天体の質量で割れば、三つの天体それぞれの加速度の式が得られます。加速度を英語で「acceleration」と書くので、物理記号として加速度を「a」で表す習わしがあります。よって三つの天体の加速度に対して、図4－3のような形の3本の数式が得られます。

図4－3　三つの天体の加速度に対する数式

$$\vec{a_1} = \cdots$$

$$\vec{a_2} = \cdots$$

$$\vec{a_3} = \cdots$$

右辺の「…」の部分は各天体に働く万有引力をその天体の質量で割ったもの

ここで、加速度には大きさと向きがあることに注意してください。天体の位置は我々の空間における場所なので、3個の成分を持ちます。直交座標系（デカルト座標系）では、x、y、zの値を用いて、その天体の位置を表すことが可能です。3章で説明したように、物体の速度はその位置（原点からの距離と方向で表せる）を時間で微分したもの（大雑把にいえば、微小な時間間隔で割ってから、その微小な時間間隔がゼロの極限を取ったもの）です。要は「割り算」みたいなものですから、物体の速度もその位置と同じく直交座標系を用いて3個の数値から表現されます。なお、微小な時間間隔で割ってから、その微小な時間間隔をゼロにする極限を取る操作を「時間微分する」といいます。

同じことを繰り返して、物体の加速度は、その速度を微小な時間間隔で割り算したものの極限です。その加速度もまた位置や速度と同様に直交座標系を用いて3個の数値で表現できます。高校の数学で習うベクトル記号を用いれば、3個の数を直接書かなくともすみます。このエコな表現が右の図における数式で用いた「$\vec{a}$」です。加速度を表す記号「a」の上に矢印を付けたものです。なお、数学や物理学の専門書、とくに学部上級以上の専門書では、矢印記号を用いず太字を用いる記法を採用することが多くあります。

先ほどの数式を「3本の数式」とよびましたが、これはベクトル表示を用いた場合の勘定の仕方に基づいています。

天体1の加速度に対する式
天体2の加速度に対する式
天体3の加速度に対する式

という数え方になり、数式が3本になります。

しかしながら、ベクトルを用いた加速度は、本当は（x, y, z）の形の3個の数の集まりですから、先ほどの加速度に対する数式1本を（x, y, z）の3個の数（加速度の成分という）に対する数式に戻せば、数式3本分になります。つまり、加速度の成分で勘定すれば、天体3個の加速度の数式は、9本の数式を用いて表現されるのです。

4-3 「解く」とは何ぞや

さて、「解く」とは、そもそも何を意味するのでしょうか？

1章と2章では、1次方程式から始めて2次、3次と方程式の次数を上げながら、それらの方程式を「解く」話をしました。そこでの「解く」とは、方程式における「未知数x」がどんな値なのか、その正体を見つけることでした。解いた結果として得られる「解」を元の方程式に代入すれば、その方程式が等式として成り立ちます。

それでは、万有引力に対する天体の運動に関する「解」とは何でしょうか？　ニュートンの力学において、物体の運動を決定するさいに中核をなすのは、彼の運動の第2法則です。

物体に働く力は、その物体の質量と加速度の積である。

F（物体に働く力）＝m（物体の質量）×a（物体の加速度）

と表されます。

さて、質量が既知の物体に対してどんな力が働いているのか分かっていれば、この第2法則を表す数式において、その加速度が未知数となります。たんなる正比例の数式（加速度に関する1次方程式⁉）なので、直ちに解くことができ、

a（物体の加速度）＝F（物体に働く力）÷m（物体の質量）

が得られます。

たしかに、加速度を未知数だと考えれば、これはれっきとした解に違いありません。しかし、ちょっと待ってください！　ある天体の軌道を論じているときに、その物体の加速度の値（3個の成分）が分かったとして、我々は嬉しいでしょうか？　前章で紹介した、天才ガウスが登場する準惑星ケレスの再発見のエピソードを思い出してください。与えられた時刻（例えば、202X年12月23日23時34分56秒）に、その天体が天空のどこにあるのかが分かれば、嬉しいですよ

ね。その時刻、その方向に望遠鏡を向ければ観測できるからです。

このような意味で、天体の軌道を論じる場合、何らかの数式（方程式）から天体の位置を求める数学的操作を「解く」とよび、得られた天体の位置を「解」とよぶのです。さらに、ある特定の時刻での天体の位置が分かるだけでは不十分です。それだけでは天体の軌道の形が分かりません。すなわち、可能であれば、任意の時刻での天体の位置が知りたいのです。数学的には、天体の位置は時間の関数の形で表現されます。この天体の位置を表す時間についての関数こそが、ここでいう「解」です。

天体の位置を決定する方程式は、あのニュートンの運動の第2法則の式です。

この第2法則の数式には、天体の位置は直接、現れません。この方程式は2次方程式のような「代数方程式」とは異なります。代数方程式とは、未知数（あるいは未知関数）を含む量の間の関係が代数的操作、それのみで表現されているものです。2章で見てきたように、代数的操作は、足し算、引き算、掛け算、割り算の四則演算とその亜種であるベキ根を取る操作です。ベキ根の代表的なものは、中学で学ぶルート計算です。ただし、代数方程式で厳密に解ける、つまり、係数が特殊な値の場合でない一般的な場合でも、代数的に解けるものは4次までです。

それでは、代数的に書かれている（質量と加速度の掛け算になっている）第2法則の数式はどういう意味で方程式になっているのでしょうか。

ここで我々が知りたい量は、天体の位置です。ただし、ある時刻での天体の位置を表す値（いわゆる座標値）ではなく、時間に関する関数としての天体の位置です。この位置を表す関数をその第2法則の表式に入れたとき、それが等式として成り立つものが見つかれば、その関数が今の問題の「解」となります。

「関数をその第2法則に入れる」と書いたニュアンスに注意してください。例えば、$x-1=0$という方程式に$x=1$を「入れる」と$1-1=0$として等号が成り立ちます。従って「$x=1$」は、この方程式の解です。ここでの「入れる」という操作は、xの代わりに1で置き換えることです。よって数学の教科書において、この入れるという操作は「代入する」と表現されます。

さて、我々の問題では、天体の位置を表す時間についての関数を、その運動の第2法則の数式の左辺に「代入する」ことは不可能です。数式の左辺に位置が存在しないからです。存在しないものを置き換えることはできません。

運動の第2法則の数式の左辺は、物体の位置ではなく、その加速度です。物体の位置、速度、加速度は「親・子・孫」の関係に似ています。元々は物体の位置が存在します。3章で説明したように、その位置の時間変化を表す量、つまり位置を時間で微分したものが速度です。位置から生まれるという点で、位置が「親」で速度は「子」にあたります。そして、その物体の速度を時間に関して微分したものが加速度の定義でした。加速度は「子」である速度から生み出される量なので「孫」に相当します。

その物体の位置を表現する関数として何かある関数を想像してみましょう。その関数を時間に関して微分することで速度（を表す関数）を作ります。そして、もう一度、時間で微分することで加速度（を表す関数）を作ります。こうして得られた加速度に相当する関数を運動の第2法則の加速度の部分に「代入します」。そして、その代入したものが等式として成り立てば、その「親」である位置を表現する関数が「解」になります。

微分操作を含む方程式なので、こうした方程式を「微分方程式」とよびます。運動の第2法則を表す数式は、物体の位置を表す関数に対する微分方程式なのです。そして、「運動方程式」とよばれます。

4-4 もつれ合う方程式——三体問題のつづき

運動の第2法則は、物体の位置から見た「孫」にあたる加速度に関して1次の方程式（正比例の式）です。この数学的構造が初歩的なため、高校の物理では、この第2法則は加速度を求めるために用いられることが多いのです。受験勉強でこのことに慣れすぎた学生が、大学に入学しての頃に運動の第2法則の取り扱いの違いに戸惑うことがよくあります。

前の節で、運動の第2法則が、運動方程式とよばれる微分方程式の構造をしていることを説明しました。そして、前記のように迷っている学生は、こうした説明を力学の講義で受けた直後に、「その運動方程式は『孫』である加速度に関する1次方程式だから、すぐに加速度が求まり、その加速度になるような位置の関数を見つければいいんでしょう」と、その講義の担当教員に言うかもしれません。

しかし、「そんな単純ではないんだよ」とA教授（担当教員）は答えます。実は、ずぼらな筆者は前節でサボっていたのです。もう一度、三つの天体に対する運動方程式を加速度イコールの3本の式で抽象的に書いたもの（図4－3）を見返してください。

その方程式の右辺を「…」の形で省略してすませた箇所が重要となります。ここには万有引力の表式が二つ存在します。

例えば、天体1の加速度イコールの式の右辺には、天体1と2の間の万有引力、および天体1と3の間の万有引力という二つの項が存在するのです。天体1に対する元の運動方程式をその天体の質量M_1で割って、加速度イコールの形にしています。ここで、万有引力は二つの天体の質量の積に正比例することを思い出してください。天体1に関する運動方程式に登場する万有引力の表式に現れる質量の積の一方は、必ず質量M_1です。

従って、天体の質量M_1で割った操作によって、この万有引力の表式にある質量M_1もまた取り除かれます。結果としての数式、つまり天体1の加速度イコールの式からは、その天体1の質量M_1は消え去ります。そこに残る質量は天体1以外の質量M_2とM_3のみです。残りの天体2、3の加速度イコールの方程式についても同様です。

表記をサボった右辺の「…」の中身は万有引力に関するもので、その質量部分についてはすでに説明しました。残るのは、万有引力の逆2乗則に関わる部分です。そうです、距離の2乗に反比例する箇所です。

この距離とは、二つの天体の間の距離です。天体間の距離がずっと変わらなければ、この距離は定数になります。この場合は、万有引力がある定数になるため、先ほどの「…」も定数となり、加速度が定数となるような位置が解になりそうです。その場合は、その解の位置が距離一定を満足しなければいけません。しかし、そう簡単には問屋はおろしません。この問題を最初に解決したのが、次節で登場するオイラーです。

このような距離一定という特殊な状況を除けば、天体間の距離は時間的に変化するのが自然です。こうした一般的な状況において、距離は時間の関数となります。そして、その距離は、ある

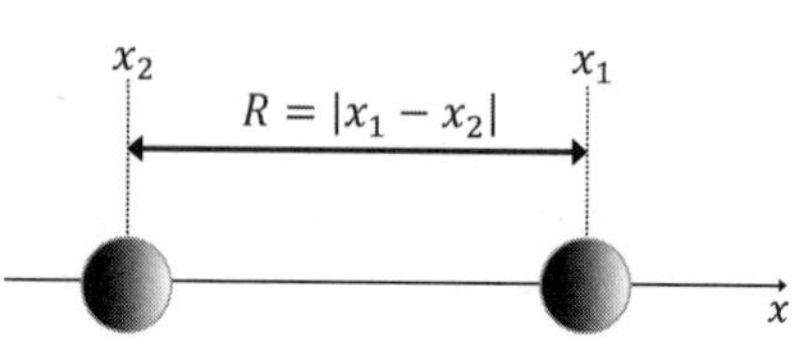

図4－4　二つの天体間の距離

x軸上に二つの天体が存在するとき、それぞれの座標を（x_1, 0）、（x_2, 0）とすると、天体間の距離Rは、$|x_1 - x_2|$で表される。

図4－5　二つの天体AとBの間の距離

$$\sqrt{(x_A - x_B)^2 + (y_A - y_B)^2 + (z_A - z_B)^2}$$

二つの天体ＡとＢの間の距離は、$(x_A - x_B)^2 + (y_A - y_B)^2 + (z_A - z_B)^2$ の平方根を取ったものである。ここで、(x_A, y_A, z_A) と (x_B, y_B, z_B) はそれぞれ天体ＡとＢの位置を直交座標系で表現したもの。

天体Ａの位置ともう一つの天体Ｂの位置で決まります。例えば、その二つの天体がある直線上に乗っているとしましょう。その直線を x 軸に選べば、天体間の距離は天体Ａの x 座標での値と天体Ｂの座標値との差の絶対値を取ったものに他なりません。

この場合、比較的簡単に思えます。しかし、空間内を運動する場合には、座標値の差ではすみません。

図４－５の距離の表式を見てください。二つの天体の位置が混ざり合っています。ここからは、どちらかの天体の位置の部分ともう一方の天体の位置の部分に分けられないのです。

そして、もうお分かりかもしれませんが、天体１の加速度イコールの数式の右辺には、天体１と２の間の距離（を２乗して逆数の形にしたもの）および天体１と３の間の距離（を２乗して逆数の形にしたもの）が存在します。

天体１の加速度に対する数式、つまりその位置に対する微分方程式は、その天体１の位置だけでは閉じずに、それ以外の天体２の位置と天体３の位置も含んでいるのです。

結果として「その方程式を天体1の位置だけ先に解いて、次に天体2の加速度に関する方程式を、その天体2の位置だけに対して解いて、最後に天体3の加速度の式に対する解として天体3の位置だけを求めること」は、一般的には無理なのです。

無理だと書いた理由はこうです。仮に天体1の加速度に対する式を解くとしましょう。つまり天体1の位置を表す関数を見つけようとします。その方程式には天体2の位置（を表す関数）と天体3の位置（を表す関数）が含まれています。最初に天体1に関する方程式を解こうとしている段階では、残りの天体2に対する方程式、および天体3に対する方程式は放置したままです。つまり、天体2と天体3それぞれの位置の関数の形を、この時点の我々は知りません。天体2と3の位置を表す関数が不明のままでは、万有引力に現れる距離も不明です。運動方程式の右辺の関数が不明のままでは、それを満たす解（この場合は、天体1の位置に相当する関数）を見つけることは不可能です。天体1の位置を表す関数以外の部分が既知である方程式ならば、その未知関数（天体1の位置）を見つけることは原理的に可能でしょう。しかし、求めたい量（この例では天体1の位置）以外にも、未知の量が同じ方程式の中に共存しているのです。

これを連立微分方程式とよびます。求めたい量に対して微分操作を含む方程式であり、求めたい複数の変数に関して、独立せずに複数の方程式が絡み合っているものです。

当時の科学者にとって、その絡み合いはとても解《ほぐ》せるようには思えませんでした。しかし、この複雑な三体問題に果敢にも挑戦する人たちが登場します。

4-5　オイラーの直線解――5次方程式が再登場

1760年頃、スイスの数学者レオンハルト・オイラーが特殊な状況にある三体問題に対する解を見つけました。一般的な状況での解（「一般解」とよぶ）と区別して、こうした特殊な場合にのみ方程式を満たす解のことを「特殊解」（「特解」ともいう）とよびます。

彼はどういう状況を仮定したのでしょうか。

三つの天体が同程度の質量を持つ場合は、三つとも複雑に動くので計算式が大変複雑になります。オイラーの時代には、その複雑さのために誰も次のステップへと進めませんでした。

3章を思い出してください。太陽を回る惑星の運動に関して説明しました。そこでは、惑星が太陽より十分軽いので、近似として太陽を動かない不動点として考えることができます。ちなみに、惑星の質量を無視せずに、太陽と惑

レオンハルト・オイラー

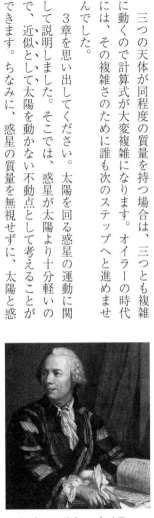

星の二体問題を厳密な形で初めて解いたのはスイスの数学者ヨハン・ベルヌーイです。1710年のことでした。

オイラーは今でいう「制限三体問題」という問題設定を行いました。三つの天体のうち、天体1と2は十分重いが、3番目の天体の質量は最初の二つと比べて十分小さく、その3番目の天体の質量を無視するのです（図4－6）。この3番目の天体の質量を無視する取り扱いは、二体問題における惑星の質量を無視したことと同様です。

この制限三体問題では、先ほど議論した方程式の間の絡まり具合がかなり低減されます。そのことを詳しく見てみましょう。

天体3の質量を無視しますから、その質量をゼロに近づけます。本来、天体1に対する運動方程式からの加速度の式の右辺には、二つの万有引力の項が存在しました。しかし、天体3の質量がゼロのため、天体1と3の間の万有引力もまたゼロとなり、方程式の右辺から消え去ります。よって、その右辺に残るのは、天体1と2の間の万有引力だけになります。

同様の考察から、天体2に対する運動方程式から作られる加速度に対する数式の右辺において

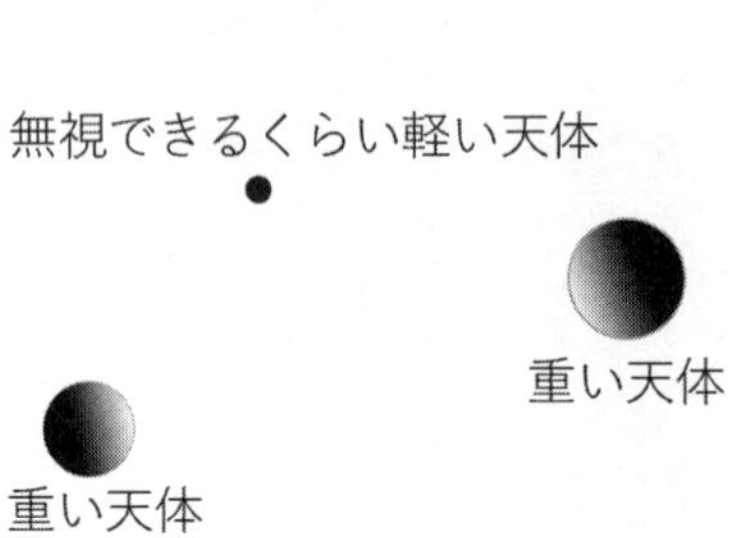

図4－6　オイラーの制限三体問題1

も、天体1と2の間の万有引力だけが残ることが分かります。

天体1と2に対する方程式は、「二体問題」におけるものと同一です。すでに二体問題はベルヌーイによって完全に解かれていますから、その解、つまり天体1と2の位置を表す時間の関数が得られます。あとは天体3の位置が分かれば解決です。

ここで、「天体3の質量がゼロ」なので、天体3に対する方程式は「0＝0」で必ず成り立ち、天体3の位置は任意で構わないのでは？　そう思う読者がいるかもしれませんね。

ちょっと待ってください。3番目の天体は存在するのです。あくまで、その天体の質量がその他の天体より無視できるくらい十分軽いだけです。3番目の天体の質量は「ゼロ」ではなく（わずかなという意味の）「零」なのです。実際、3番目の天体に対する運動方程式を書き直した形「3番目の天体の加速度$\vec{a}_3$イコールの式」の右辺は、その天体に対する万有引力を質量M_3で割った形になっています。その3番目の天体に対する万有引力は、その天体の質量M_3に正比例します。ということは、質量で割った形は、分母・分子にある質量を打ち消し合った形になります。つまり、「3番目の天体の加速度$\vec{a}_3$イコールの式」の右辺には、もはや質量M_3が存在しないので、その質量をゼロに近づけても右辺・左辺ともにゼロになることはありません。

制限三体問題を解く手順はこうです。天体1および2に対する運動方程式は、二体問題における方程式と同じです。あらためてその方程式を解く必要はありません。その既知の2体の軌道に対して、3番目の天体に対する運動方程式だけを解くのです。とはいえ、この3番目の運動方程式を厳密に解く処方箋は未だ見つかっていません。

オイラーは、図4－7のような美しい3天体の配置を仮定しました。三つの天体が常にある直線上に並び、お互いの距離が一定であることを要請しました。しかし、その図4－7のように天体を置いたとしても、手を離した途端に万有引力のために天体は動き出してしまいます。最初に静止していたとすれば、その直線上を移動してどんどん近づいて天体は衝突してしまいます。

そこで、オイラーは三つの天体の共通重心のまわりをこれらの天体が「同一の周期」で回るという、かなり数学的な仮定を置きました。同じ割合で回転するわけですから、三つの天体は常に直線の上に並んだままです。その直線が共通重心に対応する点を中心として回るのです。

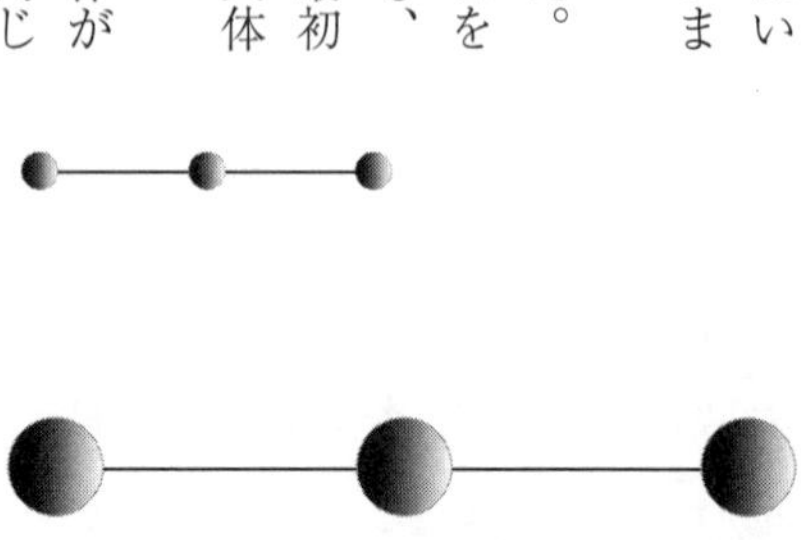
図4－7　オイラーの制限三体問題2

虫のよい仮定ですね。矛盾が生じないのでしょうか。オイラーはこれらの仮定を満たす天体の配置が可能かどうかを調べました。これらの仮定のもとで、あの三つの運動方程式が満たされる条件を発見します。その条件は、一つの代数方程式で表されます。その解の存在条件とは、「天体1と天体2の間の距離」と「天体2と天体3の間の距離」という二つの距離の比が、ある数式を満足することであることをオイラーは示しました。

その特殊な解の存在条件は、その二つの距離の比に対する5次方程式の形で得られました。その5次方程式の解が存在することも証明できます。ここで、距離そのものでなく、距離どうしの比で、解の存在が決まることに注意してください。

距離の比で決まることがなぜ重要なのでしょうか。もし距離で解の存否が決まるのなら、ある大きさ、例えば、天体1から天体3までの距離が100億kmで解となるが、それより短くても長くても解とならないのです。特別なサイズの解だけ許されることになります。もちろんここでの100億kmという長さは仮の値です。

一方、距離の比で解の存在が決まる場合は状況が全く異なってきます。天体1と天体3の間の距離が100億kmで、それらの間に位置する天体2がその天体1から天体3までの距離を1：2に分けるところに位置する場合を考えてみましょう。ちょうどこの配置で、いまの制限三体問題の解になっていると仮定しましょう。実際、三つの天体の質量の値をうまく選べば、この配置を解にすることができます。ここでのポイン

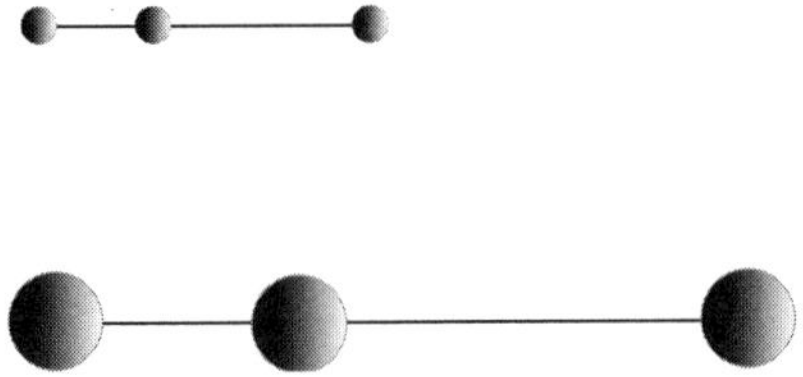

図4－8　オイラーの見つけた解

トは、解の存在条件が距離どうしの比で決まることです。この仮の話では、距離の比が1：2のとき、その存在条件を満たします。距離の値は、解の存在条件とは無関係なのです。

このような、距離そのものでなく、距離の比で物事が決まる話、どこかで聞いた覚えがありませんか？　そうです、小学校の算数で習った図形の話です。三角形の相似です。図形を伸ばしたり縮めたりしても同じだとする相似こそが、このオイラー解に当てはまります。

こうして、オイラーが仮定した直線上に常に配置された天体の位置は、制限三体問題の解の一つであることが示されました。これが歴史上で、三体問題に関して得られた最初の解です。2章を覚えている読者は、この解の存在条件が5次方程式で表現されるから5種類の解が許されるのではないか、と思われたかもしれません。2次方程式には解が2個存在し、3次方程式には3個の解が存在し、一般に正の整数Nに対してN次方程式にはN個の解が存在します。このことは「代数学の基本定理」としてまとめられています。この数学の定理は17世紀頃には予想され、18世紀中頃にオイラーらによってその証明が試みられ、ようやく1799年に数学者ガウスによって証明が与えられました。後年、ガウスによる証明の不備が見つかりましたが、現在では複数の証明法が知られています。

それでは、その代数学の基本定理に従えば、オイラーの見つけた解は5種類あるのでしょうか。答えはノーです。代数学の基本定理が述べている解の個数における解は、実数だけでなく複素数を許しています。オイラーの解の存在条件は、距離どうしの比が従う数式で表されます。距離は正の実数であり、二つの距離の比もまた正の実数ですね。従って先ほど述べた5次方程式の解のうち、オイラーの解に対応できるものは、「正の実数」だけに限定されます。負の実数や虚数を持つものは棄却されます。それでは、正の実数である解の数をどうやって勘定すればよいのでしょうか。

オイラーの時代にもそれを勘定する数学的道具が知られていました。それは「デカルトの符号法則」です。フランスの数学者ルネ・デカルトの著書『方法序説』の中で、その法則が初めて用いられており、ガウスにより精密な議論がなされたものです。この法則は、実数を係数とするN次方程式の正の実数解の最大個数を与えるものです。やや技巧的な話になりますが、複素数の重根に関係して、正の実数解の本当の個数は、この符号法則から導かれる最大数、もしくはその最大数から偶数だけ引いたものになります。

最大個数なので、例えば最大個数が3個の場合には、3個、3から偶数2を引いた1個の2通りの可能性があり、断定的な情報が得られません。しかし、オイラー解の存在条件を表現する5次方程式に対して「デカルトの符号法則」を適用すると、その正の実数解の最大個数は1となります。1－2＝－1なので、最大個数1の場合に偶数を引くことはできません。従って、正の実数解は1個しか存在しないことを証明できます。つまり、与えられた三つの天体の質量の組み合わせM_1、M_2、M_3に対してオイラーの解の相似形状はただ一つに定まります。

オイラーが見つけた解は「直線解」とよばれます。彼の解は、各天体が全体の共通重心のまわりを円運動するのです。すなわち、各天体から共通重心までの距離が一定に保たれます。そして、三つの天体は常にある直線の上に並ぶわけですから、天体の間の距離はある定数のままです。

その後、彼の解は拡張されます。各天体の軌道が円軌道のものに限定されていたのが、楕円軌道のものも解となることが証明されました。この場合、天体間の距離は時間と共に周期的に変化します。もちろん、その周期は天体三つとも共通の値をとります。天体間の距離は変化しますが、オイラーが導いた天体間の距離の間の比に関する5次方程式は変わらず同じままです。

さらに、オイラーの直線解は、当初、制限三体問題の解にすぎませんでした。後年、3番目の質量が無視できない場合にも適用範囲が広げられ、その解も見つかりました。つまり、この拡張された解は、任意の質量の三つの天体の場合に対して得られたのです。

4-6 ラグランジュの正三角解

オイラーが解を発見するさいの秘訣の一つは、絡み合った微分方程式を力まかせに解こうとしなかったことです。幾何的な考察から、簡単化するためのいくつかの仮定を持ち込んだことにあります。その仮定の一つが、運動する天体間の距離が一定のままで保たれるという条件です。実際、オイラー解では、天体は共通重心のまわりを回ります。

この天体間の距離が一定であるという仮定を再びうまく活用する人物が現れます。その人物は、イタリア生まれでのちにフランスに帰化する数学者・物理学者のジョゼフ＝ルイ・ラグランジュです。

彼は、オイラーの着想と同じく、天体間の距離を定数とし、大胆にもそれらがすべて等しいと仮定しました。相異なる3点のお互いの距離がすべて等しい場合、明らかなように、その3点は正三角形の頂点に位置します（図4－9）。三つの天体が正三角形を成すとは、なんと大胆な仮説でしょうか。

しかし、ある特殊な例を考えれば、正三角形が解になることが分かります。三つの天体の質量がすべて等しい場合を考えましょう。

この場合、等質量の天体だから、共通重心は正三角形の幾何的な中心に一致します。この中心のまわりに天体が同じ速さで円運動する状況を想像しましょう。図4－10を見てください。例えば、天体1に

ジョゼフ＝ルイ・ラグランジュ

着目します。天体1には、天体2と天体3からの万有引力が働きます。それぞれの万有引力は、各々、天体2および天体3の方向への引力です。これら二つの万有引力を合わせると、その合わせた力は、この正三角形の中心方向に向かう引力です。

一方、三つの天体は、その正三角形の中心まわりに同じ速さで円運動します。従って、各天体には遠心力（斥力）が働き、その向きはその天体と正三角形の中心を結ぶ直線に沿って外側方向です。

結果、天体に働く万有引力と遠心力が正確に逆向きになっています。あとは、それらの大きさが等しいかどうかです。もしそれらの大きさが異なれば、力が釣り合わないため、天体は円運動を続けることができず、正三角形の配置が崩れてしまいます。

この正三角形の大きさを決めた時点で、天体間の距離はある値を取ります。万有引力の大きさは、天体の質量

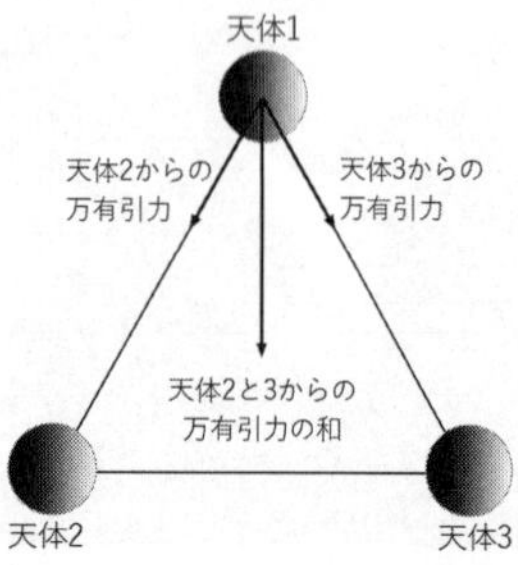

図4－9　正三角形を成す三天体

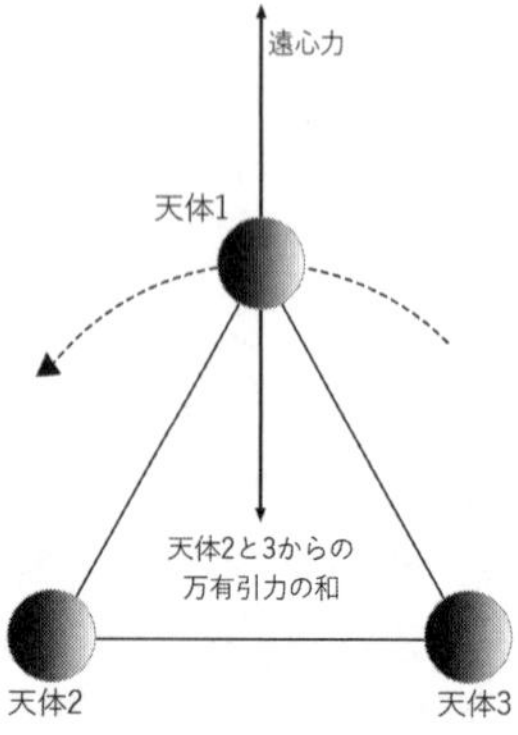

図4－10

とそれらの距離で決まりますから、その大きさは問題設定した時点で決まっています。

一方、遠心力は、円運動する物体の速さに依存します。車に乗っていて、車の速度が大きいほど、遠心力が大きいことを我々も感じたことがありますよね。より正確にいえば、遠心力の大きさは、速さの2乗に正比例します。

従って、円運動する速さをうまく選べば、天体に働く万有引力と遠心力の大きさを等しくすることができます。

こうして、正三角形の配置が可能であることが理解できます。

ラグランジュは、この等質量という特殊な場合を一般化することを閃いたのです。一般の質量の場合、もはや共通重心は正三角形の中心とは異なります。その中心とは異なる位置にある共通重心のまわりに天体が円運動していると仮定して、各天体に働く万有引力と遠心力がバランスできることを証明したのでした。彼の発見した解は「正三角解」とよばれます。

そんなに上手く二つの力がバランスするのか？　と疑いたくなります。この事情はオイラーの直線解の場合と同じで、バランスするための条件式は、円運動する天体の速さを決める式になっているのです。そして、その求められた速さにすれば、力どうしが釣り合って、正三角形の配置が永遠に保たれるのです。もちろん静止した正三角形ではなく、ある回転周期でまわる正三角形です。

オイラーの考えた3番目の質量が無視できる制限三体問題の場合だけでなく、三つともの質量が任意の場合にも正三角解が必ず存在することが示されました。

さらに興味深いことに、三つの天体の軌道が真円の場合だけでなく、なんと楕円の形でも解が存在することが判明しました。後者の楕円運動する場合、正三角形の大きさが時間的に変化し、相似（つまり正三角形のまま）で周期的に変わるのです。

直線解および正三角解の発見に対して、1772年、オイラーとラグランジュは共にフランス科学アカデミー賞を受賞しました。

4-7 ラグランジュ点

3番目の天体の質量が無視できるくらい小さい場合、つまり制限三体問題に話を戻しましょう。例えば太陽と地球を考えます。それに対して十分軽い物体を考えます。これが3番目の天体に相当します。

さて、この3番目の物体を太陽系のどこかに配置して、太陽および、地球からの距離が時間的に保たれる位置は存在するのでしょうか。

万有引力のもとで太陽のまわりを地球が公転し、さらに、その十分軽い物体（惑星）の軌道を円とします。

この問題の答えを得たのが、先ほど登場したラグランジュです。

まず、太陽とその惑星を結ぶ直線を考えます。その直線上でオイラーの直線解が許される場所が存在します。その場所は1個ではありません。

三体問題で登場する天体は3個あり、天体1、天体2、天体3を太陽、地球、十分軽い物体に割り当てるやり方は3通りあります。図4－11を見てください。十分軽い天体の位置を、天体1と2の間、天体1の外側、天体2の外側に選ぶ3通りがありますね。これらの位置を「ラグランジュ点」とよび、慣例で、各々L_1、L_2、L_3の記号で表されます。Lは人名ラグランジュ(Lagrange)の頭文字です。

次にラグランジュの正三角解を考えます。太陽と地球を結ぶ線分を底辺とする正三角形は二つ作れます。図4－12の上側と下側で

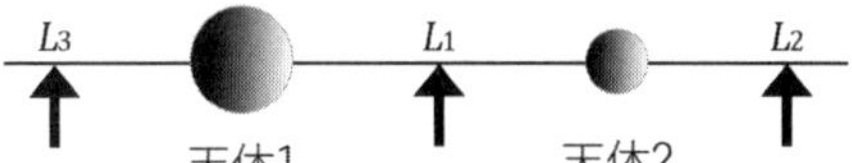

図4－11　直線解の選び方

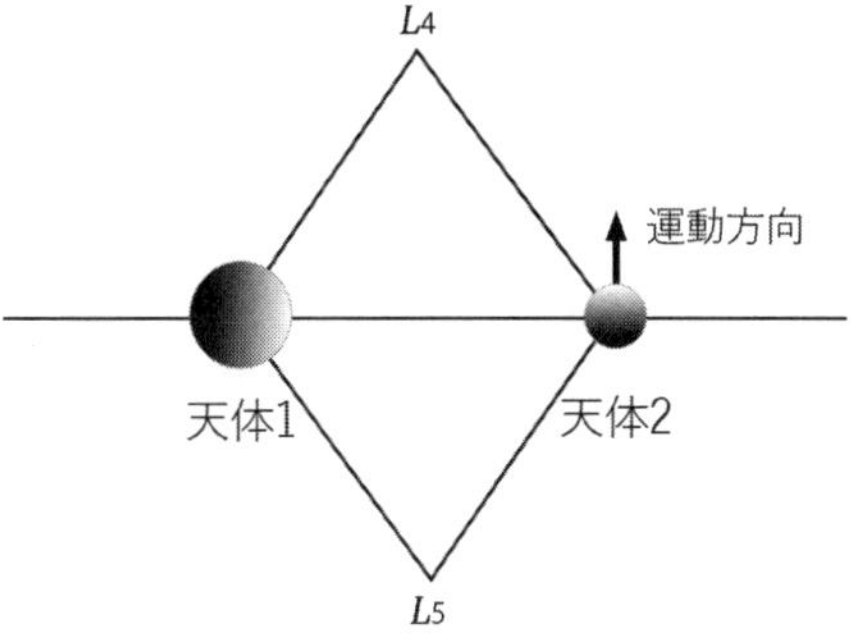

図4－12　正三角解の選び方

す。上とか下と書いても区別できなさそうですが、そうではありません。地球が公転しているので、その公転運動の進行方向の側（この本では「上側」とよぶ）とその進行方向とは逆側（「下側」とよぶ）を区別することが可能です。上側の正三角形において太陽と地球が位置する頂点以外の頂点を記号L_4で表します。そして、下側の正三角形において3番目の物体が位置する頂点をL_5の記号で表します。

以上で、ラグランジュ点の5点が得られました。その後の研究により、直線解に対応するラグランジュ点L_1、L_2、L_3は不安定だということが分かりました。少し天体の位置をずらしたときに、その変位がどんどん大きくなり、元に戻らない場合を「不安定」とよびます。一方、元の位置からずらしても、元の位置近くにとどまって大きくならない場合を「安定」とよびます。

残るラグランジュ点L_4、L_5は安定な場合が存在することが示されました。

オイラーの直線解は、天体の質量によらずに必ず不安定です。一方、ラグランジュの正三角解の安定・不安定は天体の

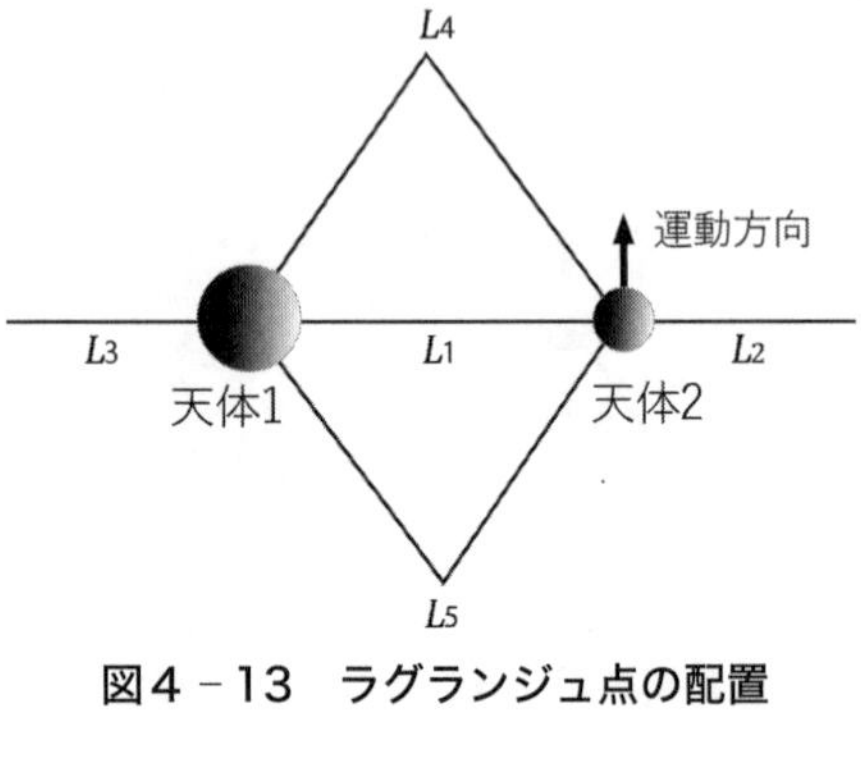

図4－13　ラグランジュ点の配置

質量に依存します。制限三体問題において、いちばん重い天体（主星という）の質量に比べて、2番目に重い天体（伴星とよぶ）の質量がある値より小さければL_4、L_5は安定です。一方、伴星の質量が比較的重ければL_4、L_5が不安定になります。その安定・不安定の境界となる質量の比は、およそ25：1であることが知られています。

太陽系で一番重い天体である太陽の質量は約2×10^{30}kgで、一番重い惑星（つまり太陽系で2番目に重い天体）は木星で、その質量は約2×10^{27}kgです。それらの質量比は、およそ1000です。先ほどの境界値25よりも大きいです。従って、太陽と木星に対するラグランジュ点L_4、L_5は安定です。そして、木星以外の惑星は木星よりも軽いので、太陽質量とそのほかの惑星の質量の比は、先ほどの値1000より大きくなります。従って、太陽系のどの惑星に対しても、太陽とその惑星に関するラグランジュ点のL_4とL_5は安定なのです。

4-8　仮想的な数式が現実になる！――トロヤ群の発見

さて、数学的かつ非常に技巧的な仮定をおいて、優れた数学者たちが制限三体問題の厳密な解を導き出しました。それら直線解、正三角解とも、制限三体問題に対する方程式の数学的な解です。しかし、方程式の解はたくさんあっても構いません。ただ実際の天体が、制限三体問題に対する方程式の数学的な解の通りに配置するとは思われていませんでした。前節で紹介した、太陽と木星に対するどのラグランジュ点にも、天体は見つかっていなかったからです。

オイラーやラグランジュの時代よりはるか後、1906年、ドイツの天文学者がある小惑星を発見しました。その小惑星は、古代ギリシアのホメロスのトロイア戦争にまつわる叙事詩『イーリアス』に登場する英雄にちなんで、アキレスと命名されました。

この小惑星アキレスが発見された場所は、なんと太陽と木星に対するラグランジュ点の4番目、L_4のあたりだったのです。その後、次々と小天体が同じラグランジュ点L_4付近に見つかります。

同様に、太陽と木星に対するラグランジュ点の5番目のところにも、小惑星が大量に見つかりました。

トロイア戦争は、ギリシア神話におけるギリシアとトロイとの戦いです。太陽と木星に対するラグランジュ点L_4をギリシアの領土、ラグランジュ点L_5をトロイの領土に見立てて、ラグランジュ点L_4の小惑星にはギリシア側の登場人物の名前が、L_5の小惑星にはトロイ側の人物の名前が付けられる慣例になっています。

1984年にシューメーカー夫妻がL_5において発見した小天体は、英雄アキレスを倒したパリス王子にちなんで命名されました。このシューメーカー夫妻はレヴィと共に、シューメーカー・レヴィ彗星を発見したことで広く知られています。現時点では、L_4で発見された小惑星の数がL_5のそれを大幅に上回っています。なぜこのような個数の違いになるのか、その原因は今のところよく分かっていません。

このように数学上のことだと思われていた美しい解が、宇宙で実現していたのです。

さらに、ラグランジュ点の価値はそれだけにとどまりません。

太陽－地球におけるラグランジュ点L_1を考えましょう。その点にある物体は地球の公転と同期して動きます。オイラーの直線解がそうであるように、太陽、地球、L_1にある物体は、常に一つの直線上に並びます（図4－14）。この地点は、地球のまわりの月の軌道の外側にあります。

その結果、この点と太陽の間は、地球も月も通過することがありません。そのおかげで、そこで太陽を観察すれば、月などに遮られることなく常に太陽観測を続けることができます。欧州宇宙機関（ＥＳＡ）とアメリカ航空宇宙局（ＮＡＳＡ）が共同開発した太陽・太陽圏観測衛星（ＳＯＨＯ）はこの太陽－地

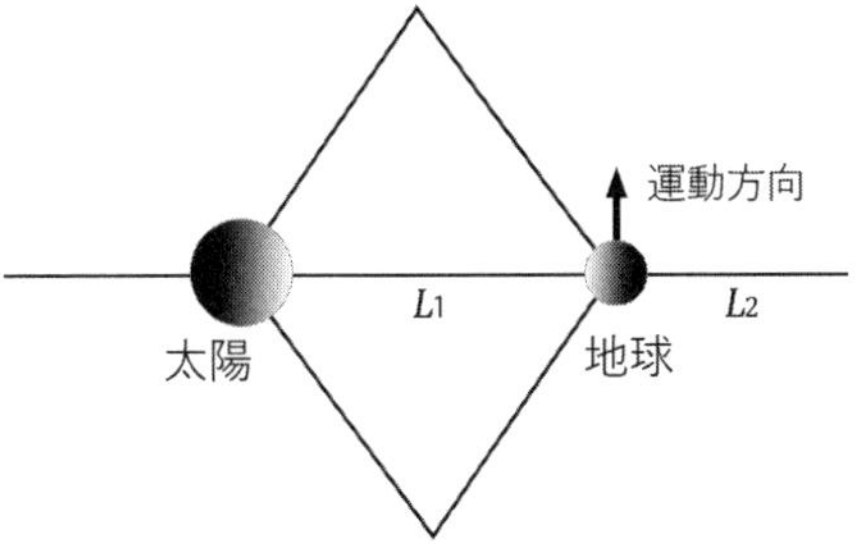

図4－14　太陽・地球のL_1の位置関係

球間のラグランジュ点L_1にて、１９９５年から20年以上も太陽の観測を続け、地上の電磁場障害につながる太陽フレアの発生の予報など、さまざまな科学的成果をあげています。

太陽‐地球のラグランジュ点L_1とは逆に、L_2点はそこから見て太陽が地球の裏側に位置するため、地球によって太陽光が常に遮られます。そのため遠くからの天体の微弱な光を捕まえるのに好都合なのです。ＮＡＳＡのハッブル宇宙望遠鏡の次のフラッグシップとして、ジェイムズ・ウェッブ宇宙望遠鏡（ＪＷＳＴ）は、このL_2点に向けて２０２１年秋に打ち上げられる予定です（２０２０年9月執筆段階）。

図4 －15
太陽・太陽圏観測衛星
（SOHO）

図4 －16
ジェイムズ・ウェッブ宇宙望遠鏡

5章 一般解とはなにか

5-1 方程式を解くための礼儀作法

いきなりですが、礼儀作法とは人がその社会生活を円滑に営み、社会秩序を保つために用いる規範と実践の総体のことです（『日本大百科全書』より）。礼儀とは人間関係や社会生活の秩序を維持するために人が守るべき行動様式のことで、とくに敬意を表すためのものです。その敬意を表すための決まったやり方を作法とよびます。

数理科学においては、よく分からない複雑な数式の集団（組み合わせ）から求めたい量を取り出したい場合、試行錯誤して見つける、あるいは、天才なら閃いていきなり答えにたどり着くことになります。これはケースバイケースなので、ある決まったやり方は存在しません。

方程式とは、未知数を含み、その未知数が特定の値を取る場合のみ等式として成立する数式のことです。その等式として方程式を成立させる特定の値のことを方程式の解とよびます。

例えば、1章や2章でも紹介したように、1次方程式、2次方程式、3次方程式、4次方程式には解の公式が知られています。その解の公式は、元の方程式の係数に代数的な計算をして組み合わせたものです。ここで、代数的な計算とは、四則演算およびベキ根のことです。我々は解を求めたい方程式の係数を、その解の公式に代入し、計算して整理すれば解を得ることができます。1次から4次までの方程式には、解を求めるための決まったやり方、つまり解くための作法が存在しています。

しかし、5次方程式には代数的に解くための作法がありません。我々がいくら頑張ってもガロアの定理がその作法を代数的に編み出せないことを教えてくれました。

しかし、係数が特殊な値を取る場合に限っては、5次方程式の厳密解を見つけることができます。この特殊な5次方程式という状況は、ちょうど「三体問題」に対する特殊な解、前章で見てきた直線解や正三角解に対応するでしょう。逆に、「三体問題」が解けないことと、5次方程式に代数的な解の公式が見出せないことも互いに似ているかもしれません。

この「三体問題」が解けないことは、三体系における「運動の定数」とよばれるある定数の個数が足りないことと深く関係しています。一方、2章で説明した通り、代数方程式を解くことは数学的にはガロア群と結びついていて、5次以上の方程式では、解の値を変えない置換の個数がそのガロア群の個数より少ないため、代数的に解を構成することができないのでした。「三体問題」と「5次方程式」の両者が解けないことは、数学的にきちんと対応するものではありません。あくまでたとえ話だと思ってください。

5-2 一定速度で移動する物体と微分方程式

まず、簡単な微分を含む方程式の例を考えてみましょう。

まず、数直線の上を移動する物体を考えます。その物体の位置は時間と共に変化するので、その位置を$x(t)$と記します。簡単のため、その物体の速度は一定だとしましょう。結果、その速度はある定数Cとおけます。さらに、その定数をC＝1に選びます。以上のことを表す数式を模式的に表せば、「速度＝1」となります。

知りたい未知量はその物体の位置です。4章で説明したものと同様に、この「速度＝1」も、未知量がある場合に等式として成り立つ数式なので方程式とよぶことができます。しかし、位置ではなく、かわりに速度がこの方程式の左辺に現れています。物体の位置そのものを左辺の速度の箇所に代入することはできません。速度と位置は別物ですから。前章で説明した通り、位置を親とすれば、速度は子に相当します。物体の位置を時間で微分したものが、速度の数学的な定義です。

試しに、位置は時間に正比例するものと仮定して、位置を「ある定数A×時間t」とおいてみます。それを時間で微分すれば、速度はある定数Aとなります。なお、この例では、物体の位置が正比例の関数なので、微分の数学的操作を知らなくとも、平均速度と思って時間で割るだけで同じ結果が得られます。この微分して得られた速度を元の方程式の左辺に代入します。すると、ある定数A＝1が得られます。これは1次方程式で、解くまでもなく、解を示していることが分かります。こうして、物体の位置を表す関数が「時間t」だと分かり、この結果が、この例での微分方程式の解です。

しかし、この方程式の解はこれだけでしょうか。この解は特殊な解（特殊解）の一つです。もっと一般的な解が存在するかもしれません。

先ほどは、物体の位置が時間に正比例するものと仮定しました。その仮定をゆるめてみましょう。たんなる比例にします。つまり、物体の位置を「ある定数A×時間t＋別の定数B」と仮定します。この別の定数Bは物体の速度に影響しません。この定数は、物体の初期時刻での位置（初期位置という）を表す実数です。

自家用車を思い浮かべてください。自宅を出発するか、どこかの道の駅で休憩してからそこを出発するのかなど、どこを出発するかということと車の速度は無関係です。つまり、物体の速度はその初期位置に依存しません。

こうして、先ほどの特殊解に初期位置に相当する定数Bを加えたものも、また同じ微分方程式を満たします。この加えた定数Bが任意の実数であることに注意してください。もちろん最初の定数Aは1です。

そして、比例以外の関数形を位置として考えれば、時間で微分すると定数になりません。つまり、時間に比例するものだけが解となり得ることが分かります。従って、いま考察している微分方程式に対する最も一般的な形の解が「時間 t＋任意の定数B」であることが分かりました。こうした任意定数を含む一般的な解を「一般解」とよびます。

5－3　微分方程式を解く作法

一定速度で移動する物体と微分方程式を考え、特殊解と一般解の違いを考察しました。例での特殊解は、時刻ゼロのときに数直線の原点を出発するもので、時刻ゼロの時点での物体の位置を特定せずに任意にしたものが一般解です。その任意の位置を原点に選べば、その特殊解の例を再現できます。このように、すべての特殊解は一般解に含まれます。この意味で一般解は最も一般的な解なのです。

それでは、物体の運動が一定速度でない場合の一般解は、どうやって見つけたらよいのでしょうか。

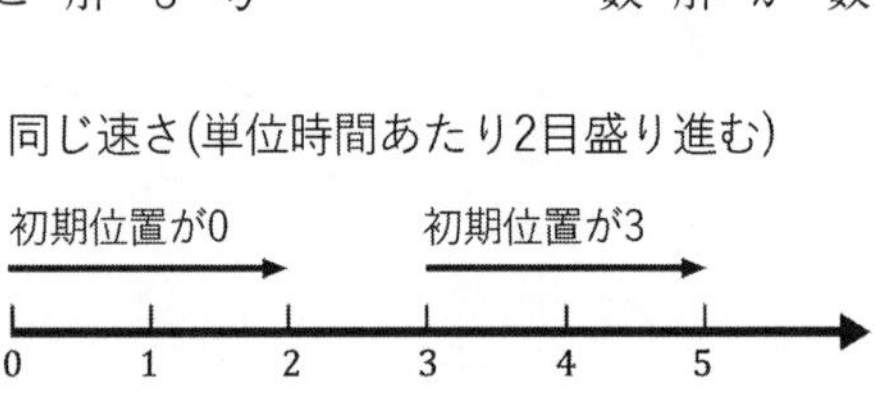

図5－1

先ほどの例では、時間に関して正比例ないし比例の関数形を勝手に仮定して、運よく、それが解となることを示すことができました。しかし速度が複雑な関数のときに、天才数学者なら閃きで特殊解を見つけられるかもしれませんが、普通の人は、運よく解を見つけることはできません。さらに、速度が複雑な関数の形で表される場合は無数にあります。それら個々の場合をいちいち調べて解を見つけるのは、実行不可能です。1次関数、2次関数、三角関数などさまざまな関数を試してみても、運よく見つかる保証さえなく、できれば避けたい作業です。この試行錯誤というコスパが悪い作業のかわりに、確実にその解を作り出すのが、積分という数学的操作なのです。

5-4　積分の登場

3章で述べた通り、微分は小さい量で割り算して、その量がゼロになる極限を取る操作のことでした。粗っぽくいえば、無限に小さい量での割り算のようなものです。積分とは、ある関数を微分して得られる関数（「導関数」とよばれる）が与えられたときに、その導関数から元の関数を再現する数学的な操作です。

ある関数を微分した導関数は、十分小さい量で割ったものです。このことを、

（ある導関数）＝（元の関数の変化分）÷（十分小さな量）

の構造で書くことができます。厳密なことは忘れてください。この十分小さな量をゼロにする極限で微分に一致します。この模式的な関係は、割り算の構造になっていますね。そこで、これを掛け算の構造に直します。そのためには、**（十分小さな量）**を両辺に掛ければよいです。

その結果、

（元の関数の変化分）＝（ある導関数）×（十分小さな量）

の構造の模式的な数式が得られます。ここですぐに、**（十分小さな量）**をゼロに近づけてしまうと、**（元の関数の変化分）**がゼロになり、何も得られません。

そこで、この十分小さな量を何個もつないでいくことにします。つまり、十分小さな量を非常に多く積み重ねるのです。図5－2を見てください。

ゼロに近い僅かな元の関数の変化分を次々とつなぎ合わせることになるので、有限な分だけ離れた2点間において、元の関数がどれだけ変化したかが分かります。この無限に小さい量を積み重ねて、有限の大きさだけ変化した元の関数の振る舞いを知ることが、積分の考えの根幹です。

このような数学的操作（積分）を初めて提案したのがイギリスのニュートンと、彼とは独立に提案したドイツの数学者ゴットフリート・ライプニッツです。さらに、のちに積分の数学的に厳密な定義を与えたのは、ドイツの数学者ベルンハルト・リーマンです。リーマンは解析学とよばれる、極限およびそれに関連する理論、微分、積分、解析関数などを扱う分野の数学者で、ある新しい幾何学の提唱者としても有名です。それは「リーマン幾何学」とよばれ、一般相対性理論を記述する数学の根幹を成すものです。一般相対性理論については8章でもう少し詳しく触れます。

図5－3では、点Aから点Bまでの関数の変化が分かります。微分した関数の情報から、微分する前のもとの関数を得るには、積分という数学的操作を実行すればよいのです。

この図の説明において、点Aを出発点として仮定しました。微分した関数からもとの関数を再現する場合、必ずしも点をAに取る必要はありません。他の点Cでも構

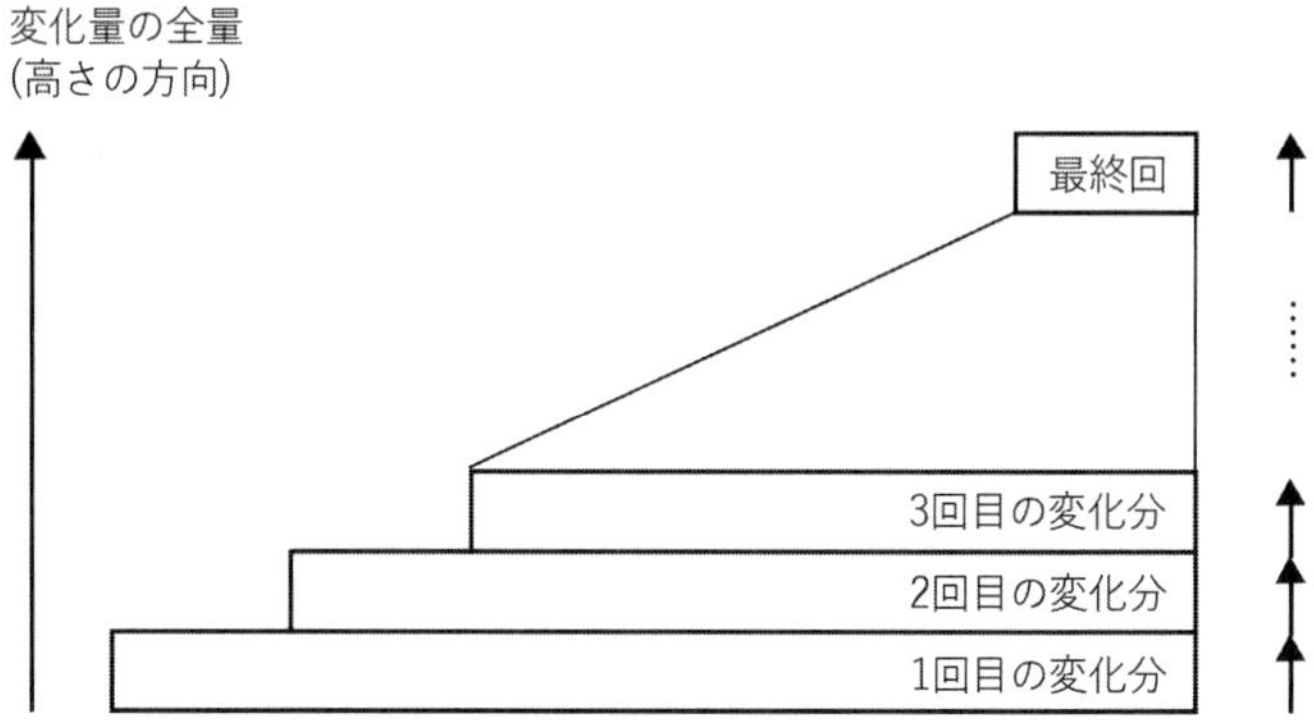

図5－2　積分のイメージ

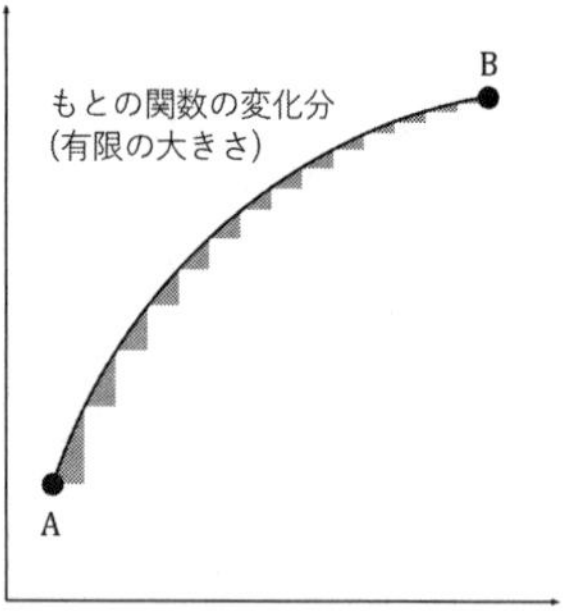

図5－3
もとの関数を調べる1

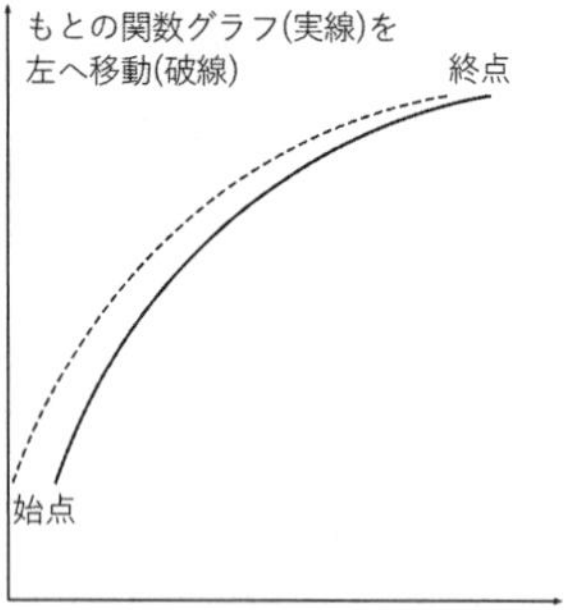

図5－4
もとの関数を調べる2

いません。

　このように、積分という数学的な操作においては、出発点を点Aや点Cなどの特定の点に選ばず、任意の点のままにすることが可能です。この場合の積分を「不定積分」といいます。一方、先ほどのように、出発点と終点の両方を特定した場合の積分を「定積分」とよびます。「定積分」のほうを先に定義した場合、この定積分の出発点あるいは終点を任意の点のままにしたものが「不定積分」だと見なせます。

5－5　積分を用いて微分方程式を解く

　ある関数を微分した量が与えられたときに、その与えられた量からもとの関数を再現するものが積分です。これを用いれば、微分方程式の解が求まるのです。

　5－2節で考えた簡単な微分方程式の例、

「速度＝1」

にもう一度、登場してもらいましょう。

両辺を時間に関して積分します。この場合、この微分方程式の左辺を積分したものが物体の位置になります。同じく、その右辺を積分したものが時間そのものになります。初期時刻がゼロのところから出発して積分した場合は、時間そのものです。もし初期時刻がゼロでないところから出発して積分した場合、右辺を積分したものは時間にある定数を加えたものになります。そして、出発時刻を特定せずに任意の定数のままにした場合が先ほどの不定積分にあたります。

5－2節で発見法的に見つけた一般解、

〈時間t〉＋〈任意の定数B〉

が、不定積分を用いることで勘や運に頼らずに得られました。また、その節で運よく最初に見つけた簡単な解である「時間t」という特殊解もまた、初期時刻がゼロのところから出発した場合の積分で得られます。このように、研究者の勘や運に頼らずに、誰でも解が得られることが分かります。

5－2節および本節では、速度に対する方程式の形をした、物体の位置に対する微分方程式を考察しました。物体の運動を議論する場合、一般には運動方程式が必要となります。物体の加速度に対する方程式の形で書かれるニュートンの運動方程式ならば、その物体の位置を時間に関して2回微分した量が満たすべき微分方程式として解くことになります。基本的な解き方は、先ほどの「速度イコール」の形の微分方程式と同じ要領です。

ニュートンの運動方程式：F（力）＝m（質量）×a（加速度）ならば、まずその両辺を物体の質量で割っておきます。その後、その両辺に対して時間に関して積分の操作を実行します。その左辺からは、物体の速度が時間の関数として得られます。また、右辺からも何らかの関数が得られます。まだこの段階では、物体の速度を表す関数しか得られません。しかし、

（左辺を積分したもの）＝（右辺を積分したもの）

は、先ほどの「速度イコール」の形の微分方程式と同じ構造をしています。

従って、1回積分して得られた「速度イコール」の形の微分方程式をもう1回積分すれば、物体の位置が得られることは先ほど説明した通りです。

〈**本節の結論**〉ニュートンの運動方程式を時間に関して2回積分という数学的作法を行いさえすれば、原理的に誰でもその運動方程式の解が得られます。つまり、その方程式に従う物体の位

置、すなわち運動の様子を誰でも知ることができます。

この結論だけ見れば、「なーんだ、2体でも3体でも運動方程式は解けるんじゃない」って思いますよね。

今でこそ「力学は重要な基礎科目です。しっかり学びましょう」と新入生相手の講義で力説する筆者ですが、大学に入ったばかりの頃は「運動方程式は解けるもの」だと勘違いしていました。

2章の話を思い出してください。1次、2次、3次、そして4次方程式までは解けます。解の公式も知られています。5次方程式にも解は存在します。しかし、5次方程式は解けませんでしたよね。簡単な場合の方程式を解くための作法は、より複雑な方程式を解くための作法として成立しないことが結構あります。日本における礼儀作法が、外国旅行したときに現地で通じないように、作法とは、絶対唯一のものではないからです。

5-6　可積分とは　その1——はじめに

ニュートンの運動方程式を解くさいの困難の一つは、求めたい量が互いに絡み合うことです。例えば、3章で見たようにニュートンの万有引力は逆2乗則に従います。二つの天体の間の距離

原点（太陽）から惑星までの距離　$\sqrt{x^2+y^2}$

(x, y) は　惑星の位置を直交座標系で表現したもの

の2乗に反比例しますね。この距離というのが厄介です。なぜなら一つの天体の位置を求めるだけでは距離は決定できないからです。もう一つの天体の位置が分からなければ、二つの天体間の距離は定まりません。さらに、もう一方の天体の位置は、もう一つの運動方程式によって決まるのです。

しかし、こうしたややこしさがあるにもかかわらず、ニュートンの万有引力における「二体問題」の解は得られています。

ニュートンは、その解を見つけた計算において、太陽は十分重いため近似としてその位置を固定しました。この仮定のもとで、惑星に対する運動方程式が解かれます。太陽は静止していると仮定して、惑星の位置のみが未知の量として、運動方程式の万有引力の部分に入ります。

この運動方程式を時間に関して2回積分することで、微分方程式の解、すなわち惑星の位置を時間の関数として求めることができます。簡単そうに書きましたが、実際の計算はそんなに単純ではありません。なぜなら、デカルト座標系を用いると、公転面の上にある惑星の位置は x 座標と y 座標の値のペアで表現され、運動方程式はこの x 座標と y 座標に対する2回時間微分を含んだ方程式で、その方程式の右辺にある万有引力は距離の2乗を用いて書かれるからで

す。たとえ太陽の位置をこのデカルト座標系の原点に選んだとしても、距離の2乗は惑星のx座標とy座標の値の2乗の和です。

つまり、惑星位置のx座標を決める微分方程式は未知のy座標を含み、一方、そのy座標を決める微分方程式は未知のx座標を含みます。2回積分しようとしても、積分したい量の中に未知の量が含まれてしまうのです。これでは、積分しても未知の量しか得られず、例えば、頑張って積分して求めたはずの惑星位置のx座標の関数が未知の量で表現されることになってしまいます。「未知の量を決める方程式の答えが『未知の量』です」という回答では、まるで禅問答です。

この問題の解決策は、よく知られています。デカルト座標系で表示すると、距離の2乗はx座標とy座標の値の2乗の和です。そして距離そのものは、これの平方根（ルート）を取ったものですね。これらは直角三角形の3辺の長さに対する「三平方の定理」（ピタゴラスの定理）の数学的表現に他なりません。従って、「x座標とy座標が絡み合うことはどうしようもない」と感じるかもしれません。

しかし、諦めるのは早すぎます。絡み合うのは、x座標とy座標です。この直交座標は、数学者デカルトが彼の著書『方法序説』の中で幾何学を代数的に取り扱うために、平面上に直交座標軸を指定して、二つの実数を用いて平面上の点の位置を表現するために導入したものです。提唱者にちなんでデカルト座標ともよばれます。

中学校や高校で学んだ通り、デカルト座標系は平面上のある点の位置を表現するさい、大変便利な数学的な道具です。しかし、デカルト座標系だけが、点の位置を表現できるのでしょうか。

図5－6を見てください。先ほどと同じ平面とある点を考えます。その平面の原点からのその点までの長さをrを用いて表します。そして、水平方向のx座標軸から原点まわりにその点までの角度を測り、その角度をθと表します。このrとθの値を指定すれば、この平面上の任意の点の位置を表現することができます。平面上の点の位置を記述する道具は、デカルト座標系だけではなかったのです。

このrとθのことを「極座標《きょくざひょう》」とよび、それを用いた座標系のことを「極座標系」とよびます。

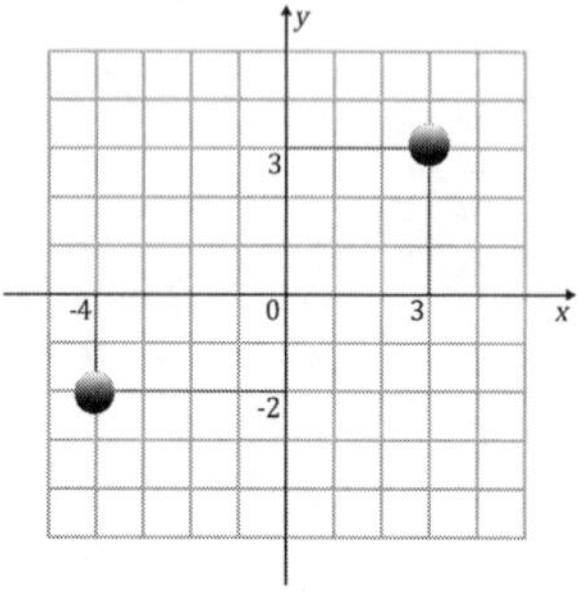

図5－5
デカルト座標上の２天体

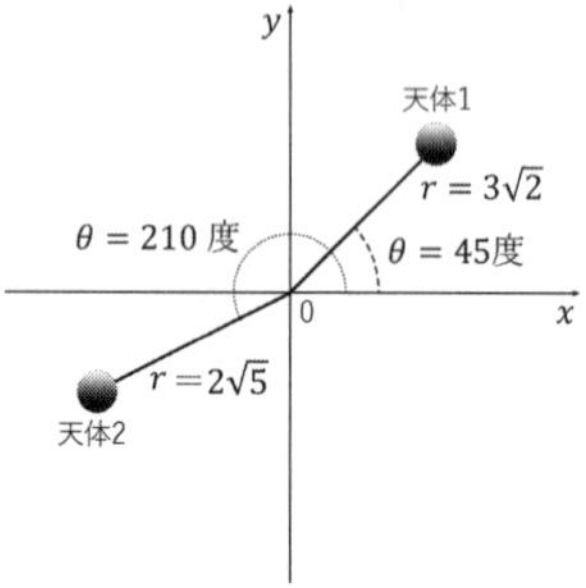

図5－6
極座標系での２天体

5-7　可積分とは　その2――別の座標系を用いる

同一の点に対して、デカルト座標と極座標は表示のやり方が違うだけです。京都市、とくにその中心部は碁盤の目のように南北と東西の道路が張り巡らされています。あなたがもし京都を観光で訪れたとして、京都駅で京都市民に「本能寺はどこにありますか?」と尋ねたとしましょう。「たしか、本能寺さんは河原町御池やなあ」という返事があるはずです。もし「本能寺は中京区下本能寺前町にあります」という返事があれば、その人はきっとエセ京都人です。第一、本能寺の場所を質問している観光客が「下本能寺前町」の位置を知っているはずもありません。

京都の人には、南北の通りと東西の通りを用いて場所を説明する習慣があります。先ほどの返答例の「河原町御池」は南北の通りである河原町通り（x座標の値に相当）と東西の通りである御池通り（y座標の値に相当）との交差点およびその周辺エリアをさす名称です。この意味では、京都の人はデカルトより先にデカルト座標系の考え方を用いていたといえるかもしれません。市内の町名を知らなくとも、有力な通りの名前だけ知っていれば、目的地付近にたどり着けるので、この京都方式の場所の指定法はすこぶる便利です。

ちなみに、グーグル検索で「本能寺」を調べると、Wikipediaの「本能寺」のページが見つかります。そこには、本能寺の座標値なるものが記載されていて、「北緯35度0分37秒、東経135度46分5・9秒」だそうです。観光旅行中のあなたがGPSを所持していれば、この座標値は活躍します。しかし、町名やGPS座標値を用いた回答よりも、「河原町御池やなあ」のほうが、観光気分がアップすると思うのは筆者だけでしょうか。ちなみに、信長が光秀に討たれて焼け落ちた本能寺は現在の本能寺とは別の場所にあり、その跡地はいま住宅密集地になっています。

さて、この京都駅にいる観光客にとって、本能寺の位置を説明する方法は他にもありますよね。そうです。極座標系を用いる方法です。この場合、「本能寺は京都駅から直線距離で○kmで、本能寺の方向は方位角△度です」という形式での回答になります。京都市街地をヘリコプターに乗って直線軌道で移動できる一部のセレブを除いて、観光客にとっては、この極座標を用いた回答はあまり有用でないかもしれません。

この極座標系、観光客にとってあまり役に立たなさそうですが、我々の運動方程式を解く問題においては大活躍してくれます。

ニュートンの「二体問題」における運動方程式をもう一度考えてみましょう。そこにおける万有引力の大きさは、極座標を用いれば、原点に位置する太陽から惑星までの距離 r、それだけで書けます。もう一つの変数である角度 θ が現れません。もちろん、デカルト座標系における加速度の x 成分と y 成分という2本の連立方程式は、加速度の r 成分と θ 成分に対する2本の方程式になります。これらの方程式は時間に関する2回微分した量を含み、互いに連立しています。ここまでをまとめると、万有引力の表式はxとyが混ざったものから、一つの変数rだけの簡単な形になりましたが、まだ時間に関する微分構造は相変わらず複雑なままです。

5-8 可積分とは その3——運動の定数を用いた簡単クッキング♪

極座標表示を用いて、万有引力の形を簡単にできました。しかし、極座標表示でもニュートンの運動方程式は加速度、つまり時間に関して2回微分した量を含んだままです。平面上の座標系の選び方と時間は無関係ですから、この結果は仕方ありません。このため、極座標系を用いたとしても、運動方程式を解くときには2回も積分が含まれます。結局、未知の量を含む不定積分で表される量をもう一度不定積分しても、正体不明の量が得られて、それは解とよべるものには程遠いものです。

そこで、解を得るための積分をなんとか1回に減らしたいですね。実は、2回を1回に減らすスパイスが存在します。それが「運動の定数」(「運動の恒量」ともよばれます）なのです。

物体の「運動の定数」とは、その物体の運動に伴って、つまり時間が変化しても一定に保たれる（物理では「保存する」とよびます）量のことをさします。例えば、物体に働く力が物体の位置のみに依存して、速度や加速度などに依存しない場合、物体のエネルギーは保存されます。このエネルギーが運動の定数の例です。ニュートンの万有引力は物体の位置のみに依存しますから、エネルギーが保存されるための条件を満たします。よって、万有引力のもとでは、天体全体のエネルギーは総量として一定に保たれます。もちろん個々の天体の持つエネルギーは増減します。例えば、ある天体の持つエネルギーが減った場合、まわりの天体には、エネルギーが万有引力を通して与えられているのです。

他にも運動の定数が存在可能です。物体の回転運動の大きさを表す「角運動量」とよばれる量です。これは、物体の回転運動の勢いを表現する物理量です。一般には、物体の角運動量は時間的に変化します。この角運動量が保存されるための条件が知られています。ニュートンの万有引力や電磁気でのクーロン力などは、この条件を満足します。従って、エネルギーと同様に、天体全体の角運動量の総量が一定に保たれます。このとき、個々の天体の角運動量は変動して構わないことに注意してください。ある天体が太陽から遠ざかり大きな角運動量を獲得したときに、その分、別の天体が角運動量を減らし太陽に近づく、というようなことが可能です。

5-9 可積分とは　その4――スパイスが決め手

ニュートンの万有引力に従う天体系の「運動の定数」であるエネルギーと角運動量が、２回微分を含む運動方程式を美味《おい》しく、手早く料理するためのスパイスです。しかし、エネルギーと角運動量は時間的に変化しない定数にすぎません。定数を掛けても割っても、天体の位置を時間で２回微分した量である加速度を、微分操作が１回の量には変えられません。いったい、どういうことなのでしょうか。

例えるなら、スパイス単独では料理は成り立たないということです。スパイスだけを食べても美味しくありませんよね。適量のスパイスを適切なタイミングで加えることで、美味しい料理を作れるのです。

三体問題の場合にも似たことがいえます。物体のエネルギーは、物体の位置および速度を組み合わせた関数として表現できます。前節で紹介した通り、万有引力に従う天体系の全エネルギーは一定ですから、その値をある定数とおけます。つまり、物体の位置および速度を組み合わせた関数が、ある定数に等しくなります。

「エネルギーが一定である」ことを表すこの数式は加速度を含まず、そこには速度までしか現れません。実際、これは速さに関する２次式です。つまり、この数式は位置に対する微分方程式と見なせて、時間に関する微分は１回しか含んでいないのです。さらに、この方程式は速度の大きさ、つまり速さに対する数式ですから１本しかありません。

さて、この時間に関して1回しか微分を含まない方程式が得られましたが、この時点では、極座標系のrとθそれぞれを1回だけ時間微分した量が入っています。つまり、2個の未知変数rとθに対する方程式なのに、方程式が1本しか登場していません。1本の方程式から出発して、2個の未知量を決めるのは無理な話です。そこで、もう一つのスパイスの出番です。それが先ほど少し紹介した角運動量なのです。

5-10 可積分とは　その5——2種類目のスパイス：角運動量

デカルト座標系を用いて角運動量を表現しましょう。その角運動量の表式には、物体の直交座標xとyを時間で微分したもの、つまり速度の成分が二つとも登場します。従って、直交座標系を用いてもうま味がありません。そこで、あの極座標系に再び登場してもらいましょう！

太陽を原点とする極座標系を選べば、惑星の角運動量は惑星位置を表す極座標のrとθの両方を含み、θを1回だけ時間で微分した量に正比例します。このときrを時間で微分したものは一切現れないのです。従って、この角運動量を極座標系で表示したものが「ある定数」ですから、このことを表す等式を「θを1回だけ時間で微分した量」について解くことができます。そこから得られた結果を、先ほどの「エネルギー＝ある定数」から求めた速さの式に代入します。

ここから得られる数式は、「θを1回時間微分した量」を含まず、「rを1回時間微分した量」を2乗したものが現れます。従って、この数式の根号（ルート）を取ることで、rに対する微分方程式として、ついに時間に関する微分を1回しか含まないものが得られました。

このとき、得られた微分方程式を時間について1回だけ積分すればよさそうに思えますが、この方程式には微分されていない角度座標θが入っています。そのためrに対して微分方程式を解こうとしても未知量のθが現れているため解を求めることができません。

この困難を解決するために、もう一度、角運動量のスパイスを用います。

先ほどの角運動量の関係式を見直すと、その関係式が「微小な角度座標θの変化分」と「微小な時間tの変化分」の比例関係であることが分かります。この関係式を用いることで、時間に関する微分（大雑把にいえば、微小時間での割り算）を角度座標θに関する微分に置き換えることが可能です。もちろんその置換のさいには、角運動量という定数およびrを含んだものが係数として掛かります。ポイントはrに対する微分方程式で、今回は角度座標θに関する微分を1回しか含まないものが得られました。この微分方程式は、未知量をrの1種類しか含まず、その未知量は角度座標θに関する$r(\theta)$の関数です。実際、万有引力の場合に、この微分方程式の具体形を調べると、惑星の太陽からの距離が、角度座標θに関する不定積分$r(\theta)$の形で関数として得られるのです。これが「二体問題」に対する厳密解です。

ちなみに、ニュートンの運動方程式について、時間に関する積分を2回実行すれば解が得られることは、100パーセント正しいです。その数学的な操作は、茶会での礼儀作法のようなもので、作法を非の打ち所なく行えれば、完璧な結果が得られます。ただし、茶会でお抹茶を頂けるまでには多少時間がかかります。茶会とは、その凛とした空間と雰囲気を楽しむものなので、所要時間はあまり問題とされません。一方、京都などの寺院や観光地では、簡略化した形式でそれほど時間をかけずにお抹茶を頂けますよね。

前節にて説明した方法、すなわち、「極座標系」を導入して「運動の定数（エネルギーと角運動量）」を用いて、平面上の二つの座標の間の1回だけ微分を含む方程式を作り、その方程式を積分して解を得る方法が「求積法」です。

1変数に対する積分とは、その積分される関数が表すグラフと横軸で囲まれる領域の面積を表します（図5－7）。このように、積分は面積を求める操作ですから「求積法」とよばれます。

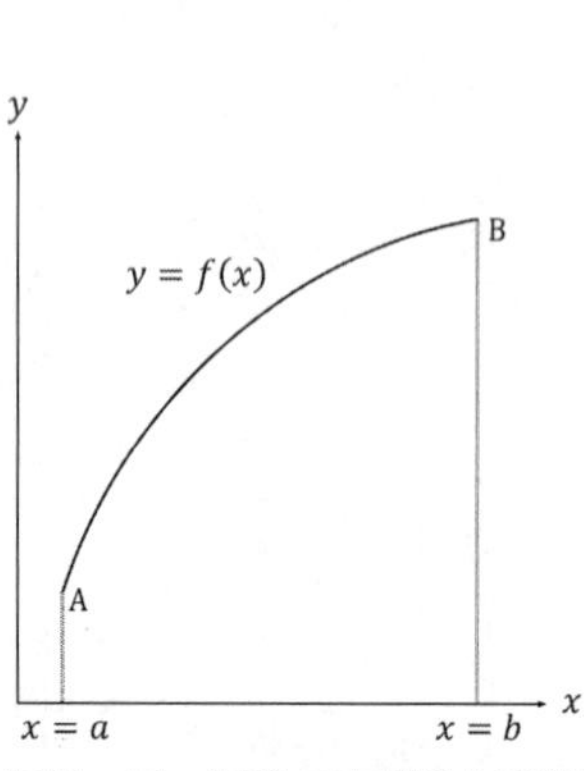

図5－7　関数の定積分と面積

以上の説明は、太陽を原点に固定する近似的な状況での話でした。太陽の位置を固定せずに、太陽と惑星が互いの共通重心のまわりを回る一般的な場合でも、その共通重心を原点とする極座標系をまず導入し、そのあと前回と同じ2種類のスパイスを用いることで、この「二体問題」における運動方程式の一般解を厳密に得ることが可能です。その一般解を最初に求めたのが4章で登場したヨハン・ベルヌーイです。

5-11　可積分とは　その6——求積法とその限界

前節にて、「二体問題」に対する一般解が求積法を用いて求められることを説明しました。それでは、求積法を用いれば「三体問題」に対する一般解を得ることが可能になるのでしょうか。

まず「二体問題」の場合を復習しましょう。片方の天体（太陽系の場合は太陽）を基準として、もう一方の天体の位置を相対的に記述するやり方が便利でした。なぜなら、平面上にある二つの天体の位置を表すためには4個の座標が必要ですが、相対的な表示では2個の変数ですみ、大変エコになるからです。このように二つの物体の相対的な位置関係をさす座標系を「相対座標系」とよびます。

この相対座標系において極座標系を導入し、二つの天体の距離をr、方向を原点まわりの角度θを用いて表しました。また、このときエネルギーは「運動の定数」なので、それを微分方程式とします。ただし、それが時間tに関する微分を含む方程式だったので、角運動量が「運動の定数」であることを用いて、「時間に関する微分」を「角度変数に関する微分」に変換しました。結果として得られた方程式は、二つの極座標rとθの間の関係を決める微分方程式になります。そして、その微分方程式が微分を1回しか含まないため、1回だけ積分する方法、つまり「求積法」によって一般解を得ることが可能になったのです。では、この「求積法」は天体の運動方程式を解く万能の魔法でしょうか、それとも手品でしょうか。手品にはタネがあり、タネが観客に対して機能する場合のみ成功します。

さて、「二体問題」が「求積法」で解決できたポイントはどこでしょうか。これには複数のポイントが存在します。本書のメインターゲットである「三体問題」を視野に入れながら、それらのポイントを整理していきましょう。

まず、一つ目のポイントは、二つの天体の位置関係を相対座標で表示したことです。これによって、天体の位置をさす未知量を4個から2個に減らせました。平面上に限定した「三体問題」

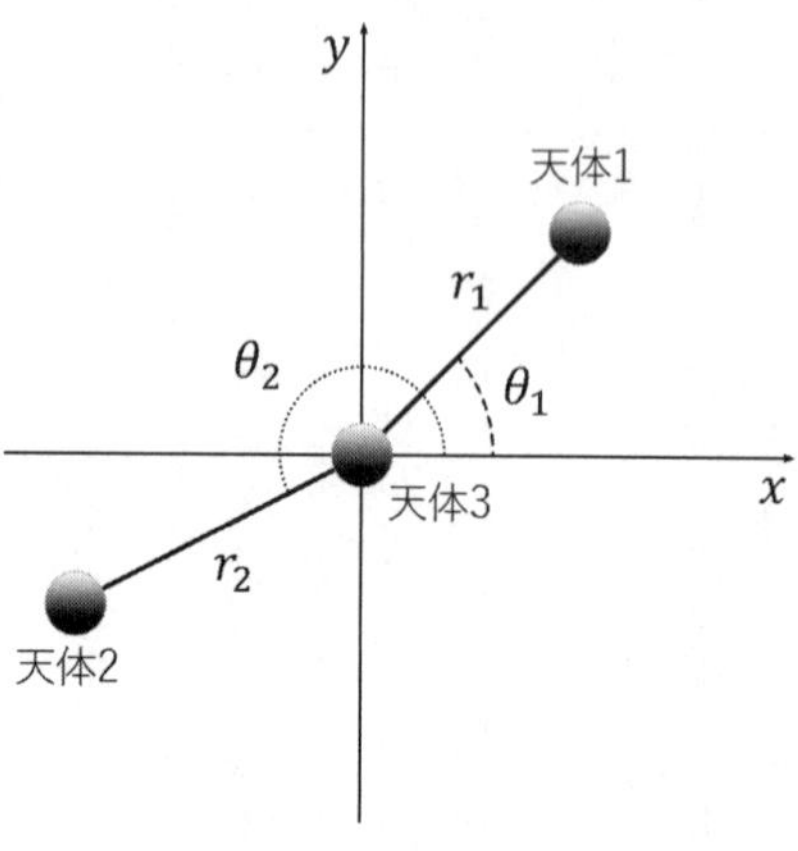

図5－8　三体問題における相対座標

では、天体の個数が一つ増えますから、それに伴い、相対座標を用いたとしても、天体の位置をさす未知量を6個から4個までにしか減らせません。

二つ目のポイントは、エネルギーが「運動の定数」であることです。このことは「三体問題」でも成り立ちます。よって、時間に関する微分を含む方程式が得られます。

三つ目のポイントは、角運動量が「運動の定数」であることです。しかし、これは原点にある天体を除く二つの天体の原点まわりを回る角運動量の和が一定であることにすぎません。結果として、角運動量が「運動の定数」であることの表式には、二つの天体の角度座標を時間で微分したものが現れます。このことが障害となり、時間に関する微分を角度に関する微分に変換することができなくなります。この困難は、角運動量の総計が保存されることは1本の数式で書かれるのに対し、二つの角度を時間tに関して微分した量を、その1本の数式からだけでは分離して抽出できないことから生じます。つまり、「二体問題」の場合は、運動の定数の個数が「2個」であるから、ちょうど上手く料理できていたのです。

次の章では、「三体問題」の一般解に挑んだ数学者・物理学者たちの闘いを見ていきたいと思います。

6章 つわものどもが夢のあと

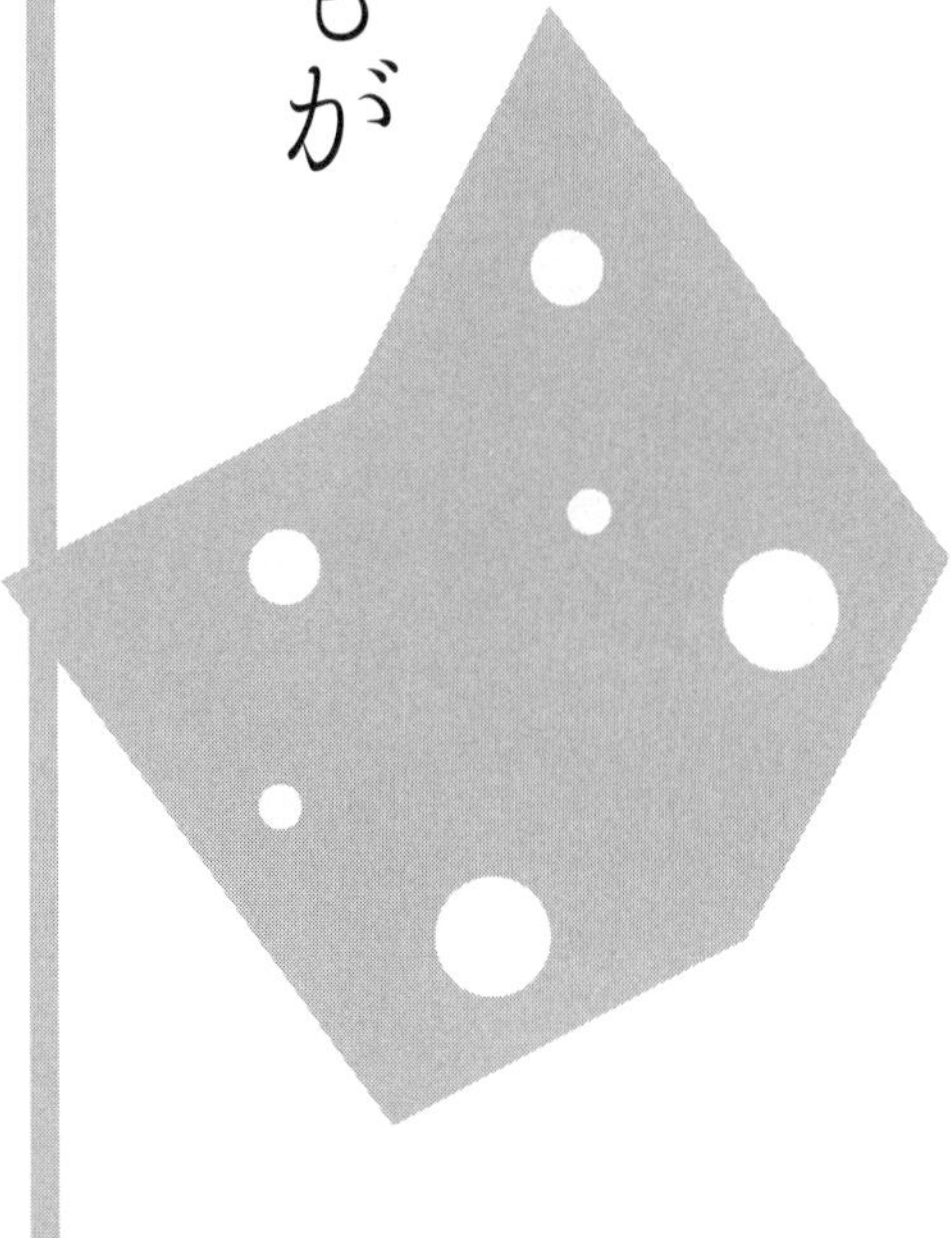

6-1 「三体問題」の一般解への挑戦

では「三体問題」を解くには、どうしたらよいでしょうか?

特殊解なら4章で紹介したオイラーやラグランジュのように、閃きによってある関数を見つけ、その関数が微分方程式を満足するかどうか調べ、満たされればその関数が解となります。しかし、一般解を閃きで見つけるというのは無茶な話です。

そのためには前章で見た「求積法」が手堅い作戦に違いありません。「求積法」が機能するためには、平面上にある天体の位置を表す二つの座標の間の微分を含む方程式を作り出さなければいけません。「二体問題」の場合は、エネルギーと角運動量という二つの運動の定数の助けを借りて、「求積法」が機能できる微分方程式にたどり着けたのでした。

しかし「三体問題」では、相対座標系を用いても、天体の位置を表す座標の数を6個までしか減らせません。エネルギーと角運動量とは独立なもので、それら以外の「運動の定数」が存在していれば、それを活用することはできます。ここである量が「独立」とは、すでに知られている量の組み合わせから、四則演算だけでなく微分などの操作を含めた意味で、その量が構成できない場合をよびます。

こうした問題を議論するさいに有用な定理があります。それを次に紹介しましょう。

6－2　ハミルトンの力学理論

フランスの物理学者・数学者ジョゼフ・リウヴィルは「ハミルトンの力学理論」を研究していました。

まず、ニュートン力学における最も基本的な量の一つは物体の位置です。その位置を表す関数を時間で微分したものが速度を表す関数で、その速度を時間で微分したものが加速度です。そして、この加速度を用いて、物体の運動を決定する運動方程式が書き下されます。その方程式は、基本量である物体の位置を2回、時間で微分したものです。ニュートン力学で中核をなすものは、この2回微分を含んだ微分方程式です。

この力学の理論を再検討して、その他の物理学でも適用可能となるように理論体系を拡張する研究がなされました。その研究を行った人物は、4章で紹介した正三角解の発見者であるラグランジュです。彼の理論体系をラグランジュ形式とよびます。この形式は、ニュートン力学を特殊な場合として含みますし、それ以外の多くの物理理論を記述することができる優れたものです。

このラグランジュ形式では、ある物理の理論を記述するための関数を始めに仮定します。この関数はラグランジアンとよばれます。ニュートン力学を記述する場合に対応するラグランジアンの関数の具体形が知られています。またこの具体的な関数から「一般化運動量」とよばれるものを作ることができます。高校の物理で習う「運動量」を一般化したものです。この「運動量」は物体の運動の大きさを表す量で、物体の質量と速度の積で定義されます。

さて、ラグランジュ形式をニュートン力学に特化させれば、一般化運動量はニュートン力学での運動量に一致します。

図6－1を見てください。ある物体の位置を表す関数とその速度を表す関数は、互いに異なる関数です。つまり、互いに独立した関数として考えて構いません。物体の位置と速度は、親子のような関係ですが、親子だって互いに別の人格ですよね。

前述のように、物体の速度に質量を掛けたものがニュ

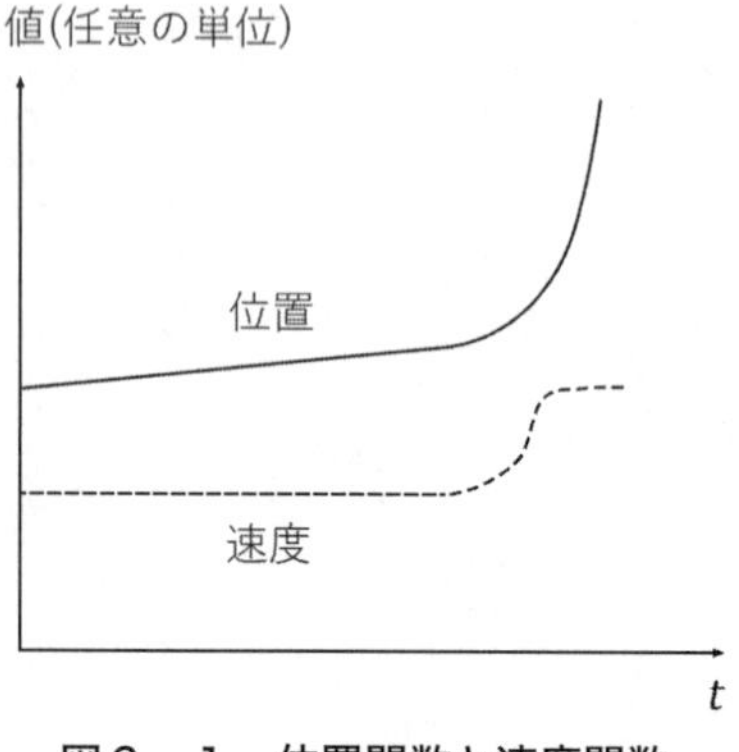

図6－1　位置関数と速度関数

ートン力学における運動量で、その概念がラグランジュによって拡張されたものを「一般化運動量」とよびます。ここで位置を表す関数と一般化運動量とよばれる関数の間の関係を論じたのが、アイルランドの物理学者・数学者のウィリアム・ハミルトンでした。彼は、複素数の高次元拡張である「四元数《しげんすう》」の発見者としても有名です。

ニュートン力学において証明できることですが、ニュートンの運動方程式は、加速度自体を導入せずに、運動量を時間で微分した量として書き直すことができます。ハミルトンは、この数学的構造を元に、ハミルトン力学とよばれる理論体系を定式化しました。

ハミルトン力学における基本量は位置（「一般化座標」とよばれます）と運動量（「共役《きょうやく》運動量」とよばれます）です。本書では数学的な定義式を省略するので、共役といっても読者に伝わらないので、「共役運動量」のかわりに「一般化運動量」とよぶことにします。その呼び方によって、「一般化座標」と「一般化運動量」がペアになっている感覚を持っていただけると思います。

「一般化座標」と「一般化運動量」は対等な量です。親子の関係ではありません。互いに独立な量で、「一般化運動量」は「一般化座標」を時間で微分したものに正比例するように定義されたものではありません。

ハミルトンは、この「一般化座標」と「一般化運動量」を決める方程式を見出しました。その方程式はペアになっていて、一つは「一般化座標」を時間で1回微分したものを含む微分方程式、もう一つが「一般化運動量」を時間で1回微分したものを含む微分方程式です。

もうポイントはお分かりですよね。ニュートンの運動方程式は微分を2回含むため「求積法」に持ち込むまでにさまざまな作業が必要でした。一方、ハミルトンの微分方程式の組は、各々の方程式に微分を1回しか含まず「求積法」に適しているように思えます。

ここでちょっと注意が必要です。「二体問題」の解法を思い出してください。このときは、最終的に2個の変数のみの間の微分方程式にたどり着けたので、ようやく「求積法」が使えました。つまり、ハミルトンの微分方程式の組で表現しても、3個以上の関数が絡み合っている状況では、まだ「求積法」は出動できません。この問題に関する重要な定理を証明したのが、先ほどのリウヴィルです。

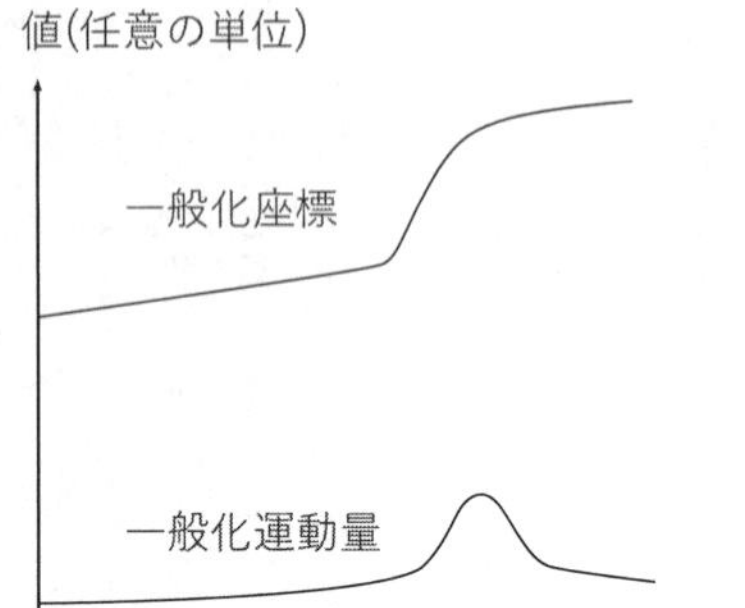

図6－2　一般化座標の関数と一般化運動量の関数

リウヴィルの定理を厳密に数学的に書いてしまうと、その意味が伝わらないため、以降は意訳したものを紹介します。

ハミルトンの力学理論の中で、位置に相当する量がN個の独立な量で記述される系を考えます。位置と速度、そして一般化座標と一般化運動量は互いに独立な関数なので、N個とN個、合わせて2N個の関数で記述されることになります。これを2N次元の「位相空間」とよびます。対象とする系の物理的な状態は、その2N個の一般化座標、あるいは一般化運動量を指定することで決まります。つまり、対象とする系のある時刻での物理状態（位置と速度など）は2N次元の位相空間における「点」として表現されます。

その位相空間内の点は、一般化座標でのある値と一般化運動量のある値を指定します。ニュートン力学で、このことを解釈してみましょう。運動量をその物体の質量で割れば速度になりますから、位相空間での点は、物体の位置とその位置での速度の値を指定することに対応します。ニュートン力学では、物体の位置と速度を与えれば、その物体の運動は一意的に、つまり、運動する物体の軌道の形が一つに決まります。

ちょっと抽象的な話になってきたので、具体的な力学模型を例にあげます。数直線の上を運動する一つの物体を考えます。簡単にするため、その物体の質量を1に選んでおきます。質量が1なので、その運動量は速度に等しくなります。このとき、この物体に対する「位相空間」は、位置と運動量で表現される2次元の平面になります。

図6－3を見てください。この図は、横軸に物体の位置、縦軸に物体の運動量（＝速度）を選

んでこの位相空間を表したものです。物体はある位置である運動量（速度）を持つため、この位相空間を表す平面内の「ある点」になります。物体が運動する場合は、その物体の状態を表す「点」が一般には時間と共に移動します。その物体の運動を表したものが、この図6－3での曲線です。

この物体に理想的なバネ（「調和振動子」といいます）の力が働くとしましょう。この力に対して、物体のエネルギーは保存します。

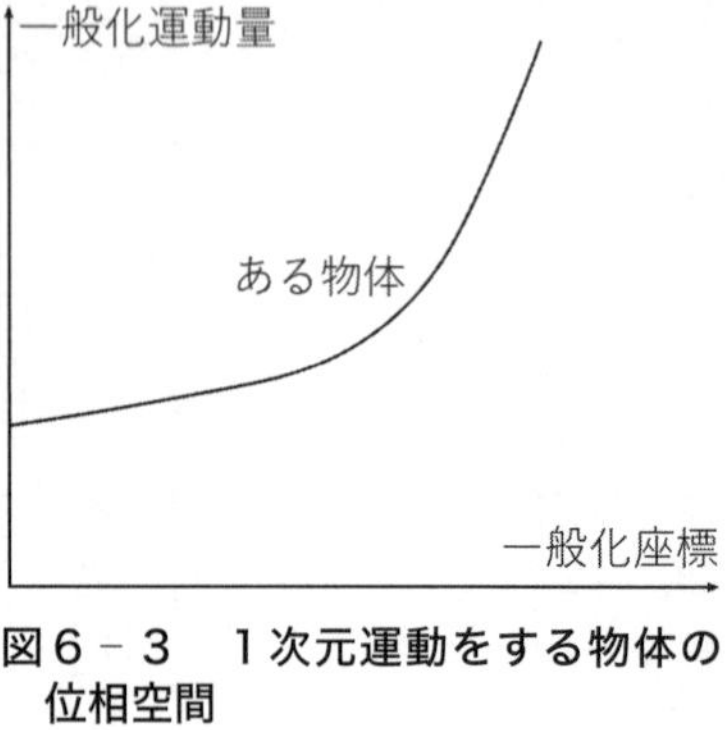

図6－3　1次元運動をする物体の位相空間

バネの力による場合、そのバネのエネルギーは力の釣り合いの地点を基準とすると、物体の位置の2乗に正比例することが知られています。また、物体の運動エネルギーは、速度の2乗、つまり運動量の2乗に正比例します。これらを合わせることで、物体の全エネルギーは物体の位置の2乗と運動量の2乗の和の形に表されます。

具体的には、ある正の係数がその2乗の項にかかりますが、ここではその係数の値は本質的ではありません。この物体の全エネルギーは運動の定数なので、それを「ある定数」とおくことができます。

実は、この結果を表す数式は、位相空間（横軸が位置、縦軸が運動量）における「楕円」（2次曲線）を意味します。全エネルギーが小さい場合、その楕円は小さくなります。エネルギーが大きくなれば、その楕円もまた大きくなります。

天体の運動を論じるには右のような解釈で問題ありませんが、厳密な数学的議論において、このニュートン力学を用いた解釈は不適切な場合があります。ニュートン力学より幅が広いハミルトンの力学理論は、ニュートン力学で扱えない物理的な対象も記述するからです。

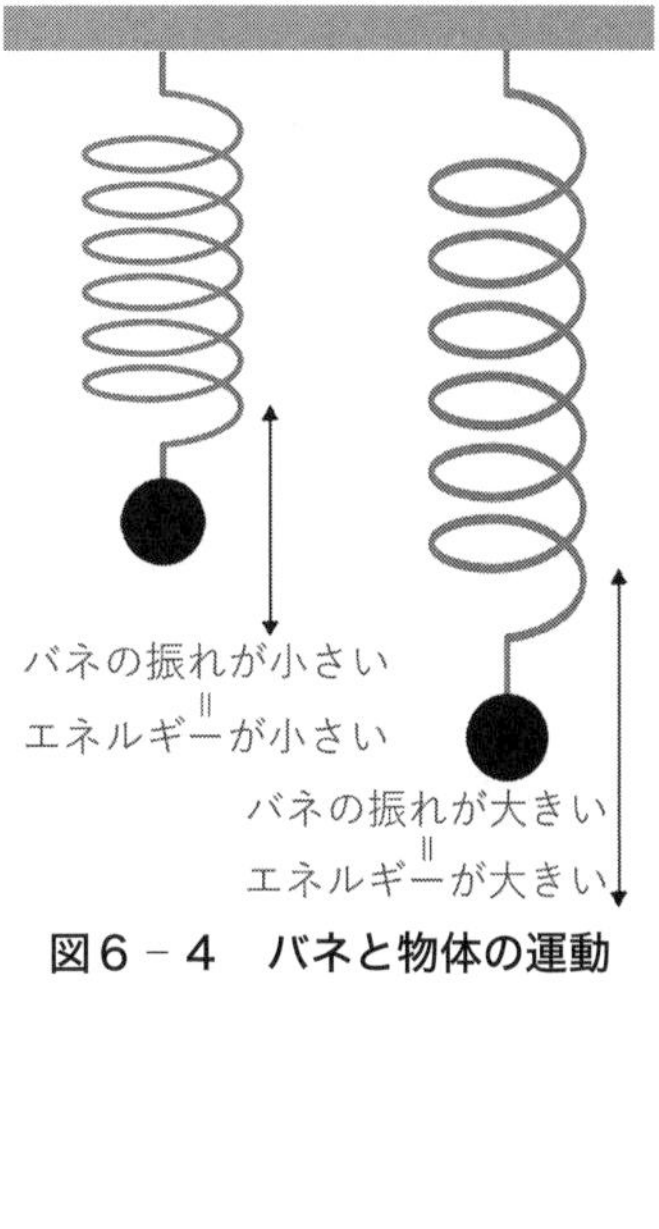

図6－4　バネと物体の運動

6-3 「三体問題」とリウヴィルの定理

さて、ハミルトンの力学理論においてハミルトンの連立方程式の「解」を求める作業は、幾何学的な見方をすれば、その位相空間での点（あるいは点をつなげた曲線）を見つけることです。複数の天体の位置の独立な成分がN個あるとしましょう。先ほど紹介した相対座標の議論から分かるように、例えば「二体問題」の場合はN＝2で、平面上の「三体問題」ではN＝4となります。後述しますが、一般の「三体問題」ではN＝9です。原理的には、運動する物体の状態は、2N次元の位相空間すべてに存在できます。

運動の定数とは、位置と速度からなるある組み合わせが時間的に変わらない定数で表せることです。ハミルトン力学においては、ある運動の定数が存在する場合、一般化座標と一般化運動量のある組み合わせが、時間的に一定な定数となることを意味します。この条件が一つあれば、位相空間内に存在できる領域が制限されます。すなわち2N－1次元の領域に制限されます。

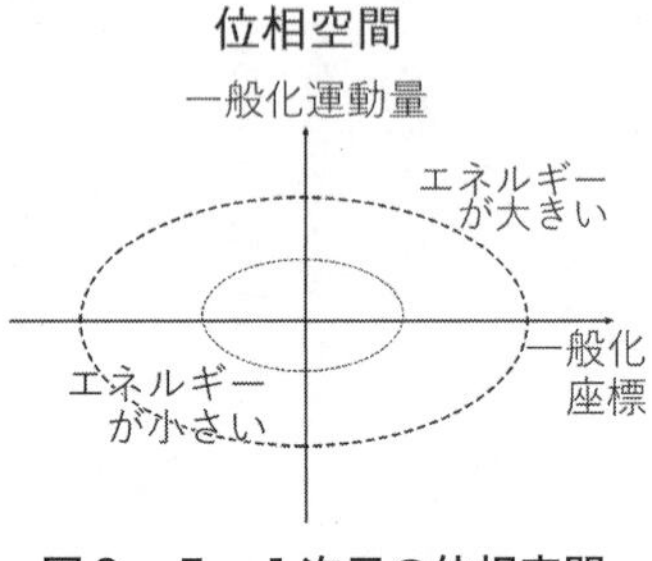

図6－5　1次元の位相空間

この議論を続けて、独立な「運動の定数」が2N－1個あれば、物体の物理状態は位相区間内の「2N－(2N－1)＝1次元」に制限されます。この1次元領域は線であり、その線は一般化座標と一般化運動量の間のある関数関係を表します（図6－5）。再びニュートン力学の考え方で解釈すれば、この関数関係とは、天体の位置座標のうちの一つと速度の一つの成分との間の関係式に相当します。そして、微分方程式は1回しか微分を含みません。こうして「三体問題」でも「二体問題」のときと同様に「求積法」で解を求めることができるのです。

6－4　求積法作戦の頓挫

では、「三体問題が解けない」と本書の冒頭で述べたのはなぜでしょうか？　もうお分かりでしょうか。実は、前章でこのヒントを出していたのです。求積法は、やはり魔法ではありません。それは「運動の定数」というタネを仕込んだ手品だったのです。

求積法を用いる場合、解きたい問題に対してちょうどよい個数の運動の定数を我々が準備する必要があります。

また、これまで簡単のために「三体問題」をある平面の上の三つの天体として説明する場面が多くありました。しかし、このことに関しても「二体問題」と「三体問題」には決定的な違いが存在します。

「二体問題」の場合は、二つの天体が運動する面は常に同じです。二つの天体が一つの平面上を運動することは、角運動量が保存することの帰結として数学的に証明できます。その平面の上にx座標とy座標を導入していたのです。けっして、ある特定の平面上を二つの天体が動くことを仮定したのではありません。

一方の「三体問題」の場合、その三体を互いに結ぶ線分から三角形を作ることができ、その三角形が乗る平面を考えることができます。たしかに常にそのような平面を構成できますが、その平面の向きは時間的に変化する場合が許されます。

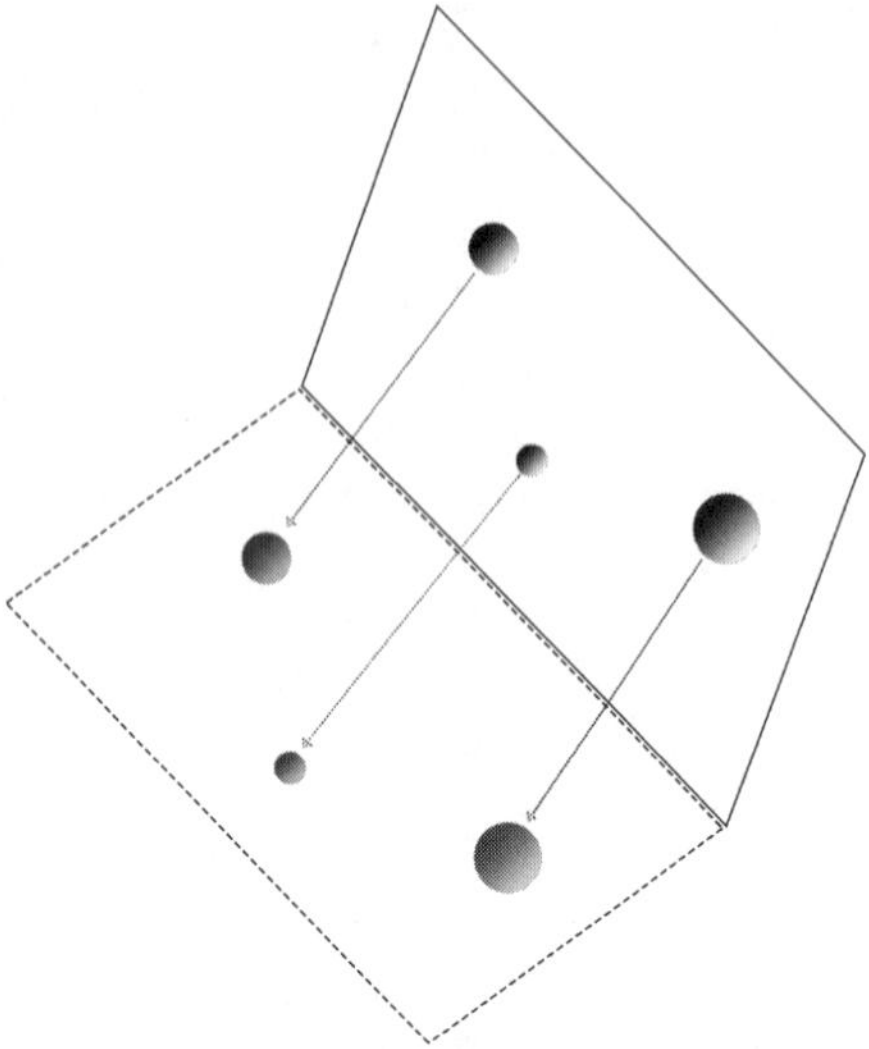

図6－6　3体が作る平面の時間変化

一般に三つの天体が空間内にあれば、その一般化座標（位置を表す座標を一般化したもの）の数は3×3＝9個です。それに対応して、一般化運動量（速度あるいは運動量を一般化したもの）

の数も9個です。ハミルトンの力学理論における基本方程式は、これら18個の一般化座標あるいは一般化運動量の各々に対する微分方程式です。各方程式は、それらの時間に関する微分を高々1回しか含みません。

「三体問題」を「求積法」という手品を用いて解くためには、17個の互いに独立な「運動の定数」を見出さなければならないことが分かります。そのうちの10個の独立な「運動の定数」は、4章で紹介したオイラーとラグランジュにより見出されました。つまり、必要なうち約6割も知られていたのです。ちなみに、ドイツの数学者カール・ヤコビが、19世紀中頃に発見した数学的手法を用いることで、さらに2個分減らすことができることも知られました。それでも合計で12個分しか消去できず、まだ求積法は使えません。

そして1887年、ドイツの天文学者ハインリヒ・ブルンスによって、「三体問題」に対して他に独立な「運動の定数」が存在しないことが証明されてしまいます。つまり「三体問題」を「求積法」を用いて解くことは不可能だと判明したのです。ただし、ここで注意してください。ブルンスの証明は、「三体問題」の一般解が存在しないことを意味しているわけではないのです。さらに、彼の証明は求積法以外の方法を用いて「三体問題」の一般解を求めることが不可能だと主張するものでもありません。

6-5　ポアンカレの登場

ブルンスによる証明がなされた2年後の1889年、スウェーデン国王兼ノルウェー国王のオスカル2世の60歳の誕生日を祝うために、数学に関する懸賞問題が公表されました。余談ですが、その12年後の1901年に、アルフレッド・ノーベルによりノーベル賞が創設されたさい、オスカル2世の賛同を得て、ノーベル賞授賞式などはスウェーデン・アカデミーによるスウェーデン国王の公式儀礼となりました。スウェーデンとノルウェー両国への分離後も、ノーベル賞の各部門の授与機関は変更されず現在に至っています。

さて、このオスカル2世の懸賞問題とは、厳密な数学的な定義・用語を避けて筆者なりに意訳すればおおよそ以下のようなものです。

『ニュートンの万有引力を受けるN個の天体を考え、それらが衝突しないことを仮定する。この場合に、各天体の位置座標を時間の関数として、その関数を任意の時刻で成り立つ級数展開した表現を見つけよ。』

1887年の時点で、求積法では「三体問題」は解けないことが判明したので、厳密な関数の形でその一般解を求めることを、おそらく当時の数学者たちも断念したのでしょう。厳密な形を得ることが不可能なら、級数展開で求められないか、という具合に問題設定を変更したのです。

ここで「級数」とは、数あるいは関数などを足し上げて得られる量の和です。足し上げが無限に続く場合でも構いません。とくにその場合を「無限級数」とよぶことがあります。級数の例としては、高校数学で登場する「数列」や大学数学で学ぶ「テイラー展開」などがあります。いずれにせよ、当時の国際的な懸賞問題に選ばれたことからも、「万有引力におけるN体問題」が科学界における重要な研究課題であったことが分かります。

懸賞課題に対する論文提出の締め切り日は1889年6月1日でした。締め切りの2週間前の5月17日、フランスの新進気鋭の数学者アンリ・ポアンカレが懸賞論文を提出しました。彼の論文は、なんと懸賞課題の問題が誤っていることを示しているものでした。本書の冒頭でもいいましたが、もし入学試験における数学の問題が誤っていれば社会事件として報道されます。多くの人にとって「数学の問題」に間違いは存在しないものだからです。このポアンカレの論文は、別の意味で科学界における大事件でした。一体、ポアンカレ

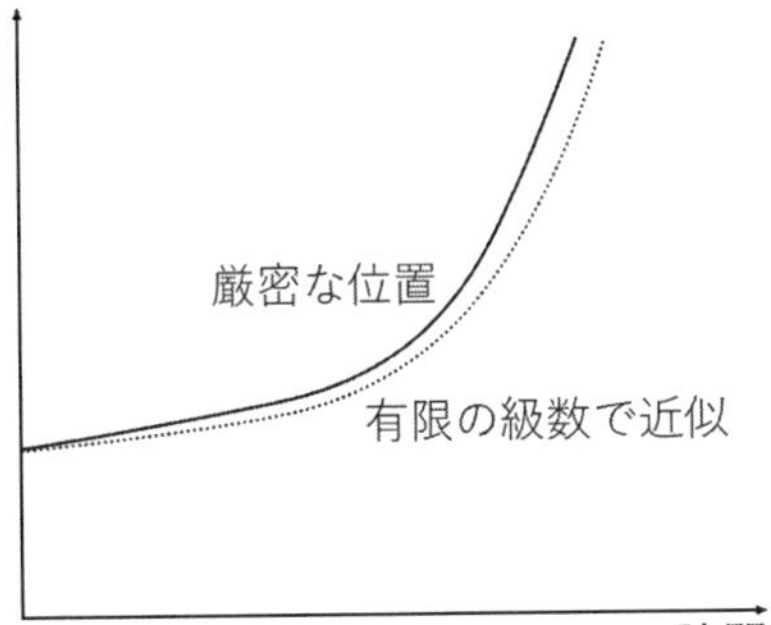

図6－7　物体の運動1

（実線：実際の軌道
点線：級数で表した軌道）

の論文の主張はどのようなものだったのでしょうか。

　ポアンカレはその論文で、平面上の制限三体問題を考察しました。

　図6－7を見てください。ある物体の運動を実線で表し、点線はその運動に従う物体の位置を級数で展開し、有限個の級数で止めて表示したものです。級数の個数を無限にする極限で、点線は実線に重なります。そして、どの時刻においても実線（元の関数）と点線（無限級数で表示したもの）が一致する状況を数学では「一様収束《いちょうしゅうそく》する」とよびます。このとき、ある点だけで一致するような場合は単に「収束する」とよびます。

　一様収束する解が存在する場合、近くの異なる2点から出発した二つの物体の運動は似ていて、長時間経ても互いに近い位置にあります（図6－8）。

　その懸賞課題で要求している級数で表示する解は、その一様収束するものです。

　ポアンカレは何と、平面上の制限三体問題に

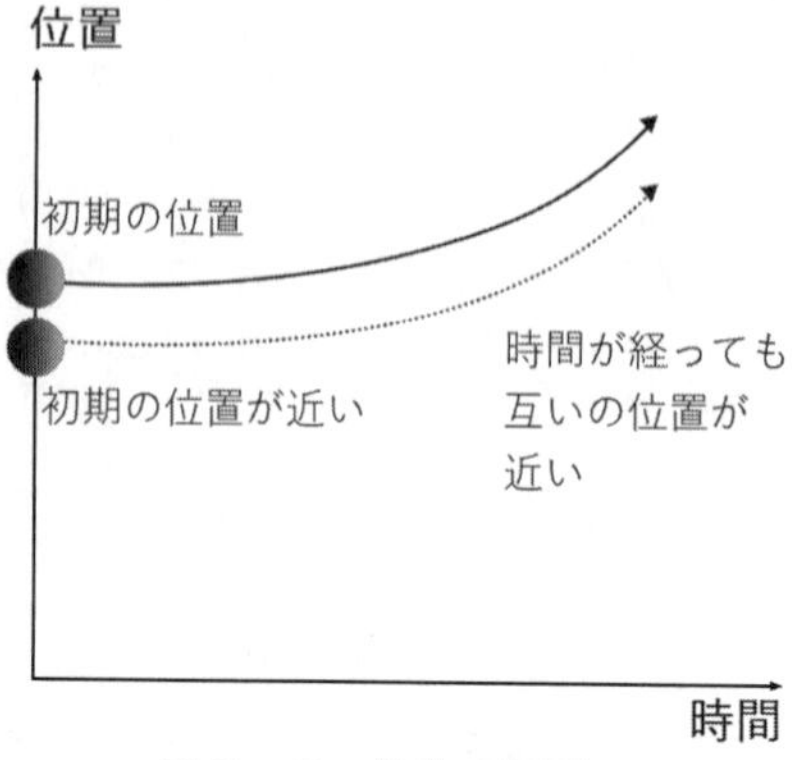

図6－8　物体の運動2

一様収束する解が存在する場合、近くの異なる2点から出発した二つの物体の運動は似ていて、長時間経ても互いに近い位置にある。

対する解を級数表示すると、その級数が一様収束しないことを証明してしまったのです。

図6－9を見てください。一様収束する解が存在しない場合、近くの異なる2点から出発した二つの物体の運動は、ある時点まで似ていても、長時間経てしまうと、互いに全く離れた位置にあるのです。

それまで科学者たちは、特異な衝突解の場合を除いて、ニュートンの万有引力における運動はなだらかに変化するため、その運動方程式に対して、常に逐次解や級数解が存在するものだと信じ込んでいたのです。ポアンカレを除いて、誰一人それを疑う者はいませんでした。

結果として、「三体問題」は厳密な解を与える求積法だけでなく無限級数の形の方法さえも退けてしまったのです。これが、「三体問題は解けない」といわれる所以《ゆえん》です。

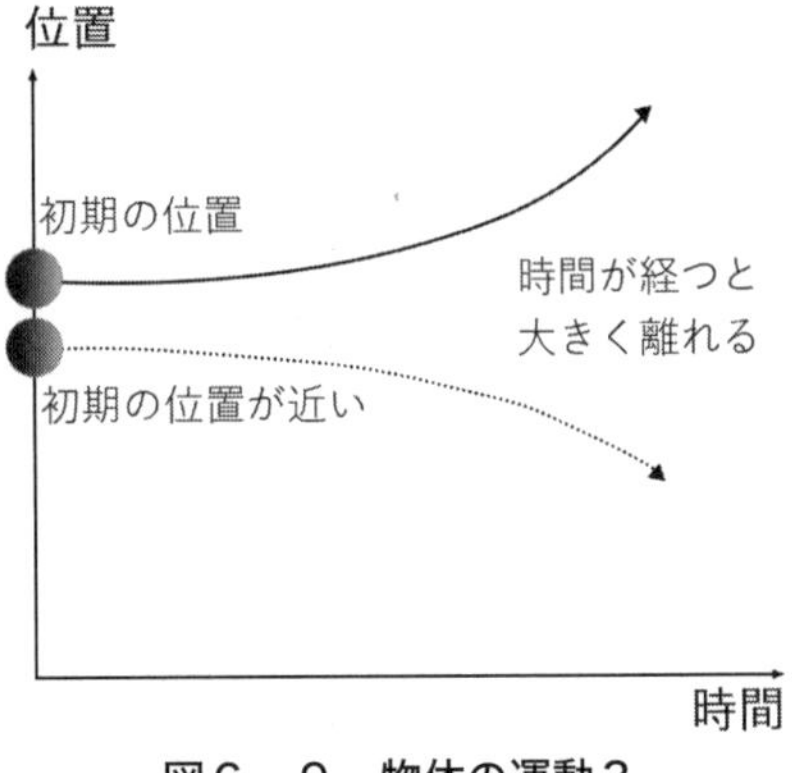

図6－9　物体の運動3

一様収束する解が存在しない場合、近くの異なる2点から出発した二つの物体の運動はある時点まで似ていても、長時間経てしまうと、互いに全く離れた位置にある。

6-6 カオスの発見

ポアンカレの発見は、当時の科学者たちを大いに驚かせました。物理、とくに力学において、運動する物体の現在の状況をある程度正確に知れば、その物体の未来は予言できると信じられていたからです。しかし、ポアンカレの証明したことによれば、運動する物体の初期条件が少し異なるだけで、ある有限時間の範囲ならその物体のある時刻での位置を決定できるが、長い任意の時間の後では、その物体の位置を決定できないのです。

このポアンカレによる業績は「カオス理論」の始まりとされます。コンピュータシミュレーション黎明期《れいめいき》の1961年、アメリカの気象学者エドワード・ローレンツが気象学に関する数値計算の初期値を少し変えただけで、大きく結果が変わることに気づきました。

1963年、ローレンツはその結果を「カオス」として発表しました。のちに、蝶が羽を動かすだけで遠方の気象が変わるというたとえ話にちなんで、その振る舞いは「バタフライ効果」とよばれるようになりました。なお「カオス」とは混沌《こんとん》を意味する用語で、元々は古代ギリシア神話における原初の天と地の間の巨大な空隙です。

また、同時期の1961年、京都大学工学部の博士課程大学院生の上田睆亮《よしすけ》が、実際の物理現象の中でカオス現象を世界で初めて発見しています。電気回路における電圧の変動現象の実験中にカオスを発見したのです。当時、この世界的業績は国内で評価されず、世界で認められるまでに10年以上かかったそうです。

6-7　人類vs.ＡＩ

ポアンカレの発見によって、科学者は「三体問題」に対する一般解を見つけ出すという長年の夢から覚めてしまいました。かわりに多様な現象を生み出すカオスの研究が勃興していきます。

しかし、ポアンカレの定理は「三体問題の解が構成不可能」だということを主張してはいません。あくまで一様収束する、つまり任意に長い時間にわたって正確な無限級数の解が存在しない、ということが彼の定理からの結論です。「三体問題」における任意の時刻での天体の位置を、何らかのある関数を用いて表示することが不可能だとは主張していません。

最近、ＡＩという言葉をあちこちで聞くようになりました。ＡＩが人間の知能を追い越してしまい、人類の知的営みや仕事の多くが取ってかわられるかのような悲観的雰囲気さえ漂っています。

たしかに、果てしない級数を足し上げる、10の何乗もの組み合わせを即座に調べる、などの芸当ではコンピュータに人間はかないません。

しかし、人間には「閃く」という能力があります。ポアンカレは直感を信じる数学者でした。ポアンカレは、著書『科学と方法』の中で「証明するのは論理によってであるが、発明するのは直観によってである。」（岩波書店。引用時、原文を新字体に直しました）と述べています。ポアンカレ以降も、科学者たちは閃くことで「三体問題」に対する新しい特殊解を見つけていきます。その例を次の章では見ていきましょう。

7章

三つの天体に対する新しい解が見つかる

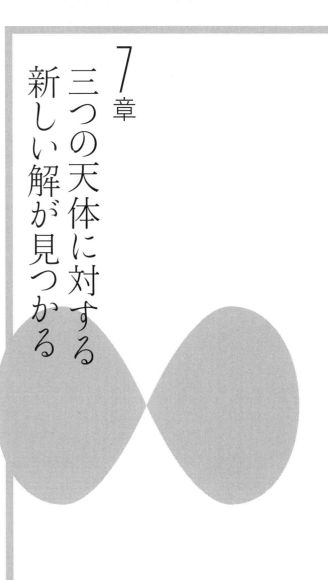

7-1 特殊な解

これまでに見てきたように、19世紀までに一般の質量を持つ場合の「三体問題」の解法はさまざまに検討され、厳密な形での解は見つからず、近似的な形の解でさえも頭打ちの状況になってきました。

前章で触れたように、ブルンスは科学者たちの頼みの綱であった「求積法」を用いて「三体問題」を解くことが不可能なことを証明してしまいました。さらに追い打ちをかけるように、ポアンカレが登場し、級数の形でさえ「三体問題」の解が得られないことを証明しました。もはや「三体問題」の解をこれ以上発見することは、永遠の夢になってしまったのでしょうか。

答えを先にいいますと「求積法」や「級数展開」を用いて解が得られないことは、もう解を見つけられないことと等価ではありません。

20世紀半ばになると電子計算機が登場し、科学研究に活用されるようになりました。厳密な形であれ、近似的な形であれ、それまで手計算では取り扱えなかった複雑な方程式を、数値計算で解くことが電子計算機によって可能になりました。複雑な微分方程式を数値的に解いて（大雑把にいえば、微分操作の逆演算である積分を行うことで）、数値化された方程式の解（「数値解」とよぶ）を得ることが可能になったのです。

これは、問題を「解く」作業のゴールを変更することを意味します。それまで運動する物体に対する運動方程式を解くことは、時間の関数としての物体の位置を表す「関数の形を得る」ことでした。具体的には、求積法などが活用され、その関数形が導き出されました。

コンピュータを用いた数値計算では、演算は数値に対して行われ、計算出力としての答えは、各時刻での天体の位置を表す座標の数値です。

ところで、大抵の数値計算では、任意時刻での位置は求めることができません。時間は実数で表され、連続的な実数は有限個ではなく無限個存在するからです。さらに、その実数の無限個は、ドイツの数学者ゲオルク・カントールが指摘した通り、整数の無限個数より多いのです。離散的な数で、近似的に数を取り扱う現代のデジタル・コンピュータにおいて、仮に無限大の計算回数を用いることができたとしても、任意時刻のような任意の実数を、数学的に、厳密に取り扱うことは不可能なのです。

さて、本題に戻りましょう。

コンピュータを用いて数値的に天体の位置が分かれば、どういう形の軌道運動をしているかを我々は理解できます。20世紀後半から「三体問題」の数値計算が数多くなされました。もちろん、4体、5体、そしてもっと多くの天体に対する数値計算も実行されました。

ここで、3天体の風変わりな天体軌道を一つ紹介しましょう。それは、エノンが数値計算によって見つけた「三体問題」に対する解です。

三つの天体の質量が同一だと仮定します。エノンが見つけた数値的な解は、三つの天体がぶつかり合わずに、互いの軌道を交差するように周期的に運動を永久に続けるものを表現します。遠くから見た場合、3本の軌道の形状が全体として十字の形に似ているので、「十字形解」の愛称でよばれることがあります。

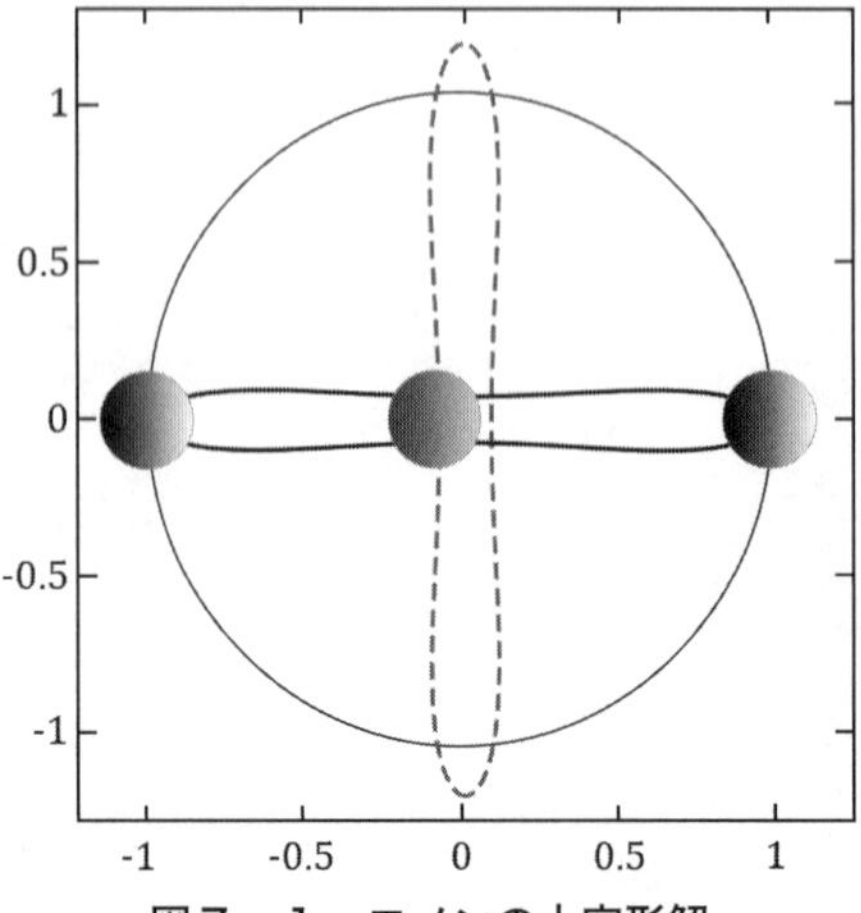

図7－1　エノンの十字形解

7-2　8の字解

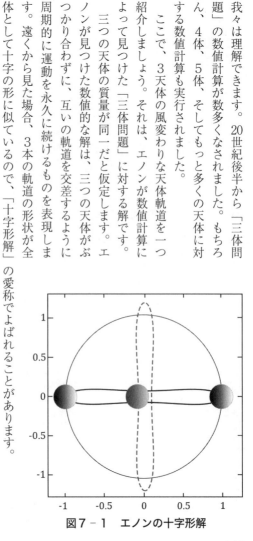

ここまでで紹介した「三体問題」の解は三つの天体が、それぞれ別の軌道を描きます。

奇妙な軌道を考えついた人が現れます。それは、アメリカのサンタフェ研究所のクリストファー・ムーアです。彼は物理学、計算機科学、数学という3分野にまたがる学際領域の研究者です。彼は三つの天体が一つの軌道の上を協同して運行する場合が可能なのではないか、というとんでもないことを考えつきました。

万有引力によって互いに引き合うので、図7－2のように一つの軌道に三つの天体が同時に乗るのは無理なように思えます。

そこで、ムーアはひとひねりします。本当に軌道を1回ねじってしまいました。

図7－3を見てください。彼は「8の字形」の軌道を考察しました。交差しているので出発点に戻れるか心配になりますが、「8の字」はたしかにひと筆描きできるので、元の場所に戻れます。果たして三つの天体が万有引力だけでこの軌道の上を運動できるのでしょうか。

図7－3
8の字軌道上の3体

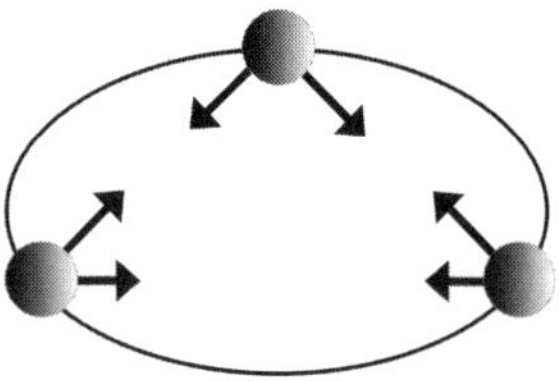

図7－2
楕円軌道上の3体

1993年、彼はついに数値計算して、それが可能であることを示しました。しかし、その成果は、物理学分野の権威ある雑誌に掲載されたものの、数学者には知られることはありませんでした。

数値計算で示した場合、必ず数値計算の誤差が伴うので、その結果が厳密に成り立つのか分からないことが多くあります。より高精度の数値計算をしてみると、彼の見つけた軌道は、厳密な「8の字」ではなく、微小にそのまわりを揺れ動いている可能性を排除できません。

このムーアが発見した現象は見た目が面白いです。「8の字」軌道の上を、三つの天体が永久に互いに追いかけ逃げ続けるのです。

天体1、2、3の順に軌道の上に配置したとしましょう。天体1が進むと、天体2がそれを追いかけます。その天体2は天体3に追いかけられます。最後尾のはずの天体3は追いかけているつもりでも、それ自身が天体1に追われるのです。

子どもの頃に遊んだおもちゃ、ミニチュアの線路の上を走る電車やサーキットを走る車を思い出すかもしれません。そのミニチュアの線路なりサーキットを「8の字形」にしてみてください。もちろん交差するところは立体交差させて。すると、前の車を追いかける2番目の車が、3番目の車に追いかけられ、その3番手の車は、先頭のはずの1番目の車に追いかけられるはずです。そして、これらの車が追突することなく、永久に「鬼ごっこ」をするのです。お互いの車間距離は、三体問題では天体間の距離に相当します。ミニチュアのサーキットなら、いずれ車どうしがぶつかりそうですが、「8の字解」では、天体間の距離があまり近くならずに、永久に回り続けるのです。

天体間の距離が小さくなれば、逆2乗則に従う万有引力が急速に大きくなり、天体どうしが引き合って衝突してしまうでしょう。果たして、ムーアが発見した現象は「三体問題」に対する解になっているのでしょうか。

数学、物理学、天文学、計算機科学など、多彩な分野で活躍する研究者たちが、この「8の字解」に関する考察を始めました。

2000年、ムーアのその成果を知らずに、カリフォルニア大学の数学者リチャード・モンゴメリとパリ天体力学研究所の数学者アラン・シェンシネがその「8の字」軌道の存在を証明しました。彼らは、力学系とよばれる数学の一分野における研究を行う過程で、この存在証明にたどり着きました。

「存在の証明」というのは、数学の研究でしばしば登場します。何かあるものが存在するかしないか、数学的に判定して、たしかに存在することを証明することです。例えば、5章で登場した「代数学の基本定理」は、対象とする代数方程式には何個の複素数解が存在するのか、そしてその個数を超える解は存在しないことを証明するものです。このように「存在の証明」によって、解の存在が100パーセント保証されるわけです。しかし、その存在証明は、個々の代数方程式の解がどんな値を取るかを教えてくれません。

「8の字」の形を眺めていると、レムニスケート図形（図7－4）を思い出す人がいるかもしれません。

レムニスケートとは、17世紀後半にヤーコプ・ベルヌーイが、代数的な曲線の研究の中で見出したもので、「8の字」の形をしたさまざまな曲線のことです。我が国では、連珠形《れんじゅけい》とよばれることもあります。これは、カッシーニの卵形線《らんけいせん》の特殊な場合とも見なせます。

「代数的な曲線」とよぶものは、その曲線が代数的な数式を用いて書き表すことが可能なものです。とくに、いまのような図形の場合は、平面上に存在する曲線なので、その平面上のデカルト座標を用いてその曲線を表示すると、その座標の多項式として表現できるものを代数方程式とよんで差し支えません。

なお、カッシーニの卵形線は、図7－5の4次式の数式を用いて表現されます。カッシーニの卵形線は、その二つのパラメータa、bの間の関係を$b=a$に選べば、レムニスケート図形の4次式に一致することがわかります。カッシーニの卵形線はレムニスケート図形を特殊な場合として含みます。

ちなみに、カッシーニの卵形線の名称は、1680年にイタリアの天文学者ジョヴァンニ・カ

図7－4　レムニスケート図形

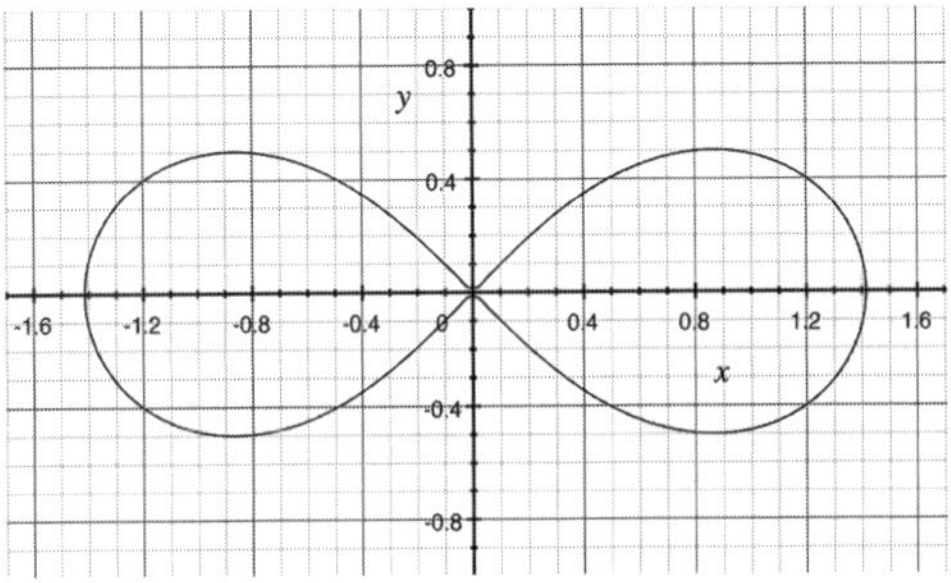

レムニスケート図形を表す4次式

$$(x^2+y^2)^2-2a^2(x^2-y^2)=0$$

a はある正の実数

図7－5　カッシーニの卵形線の例

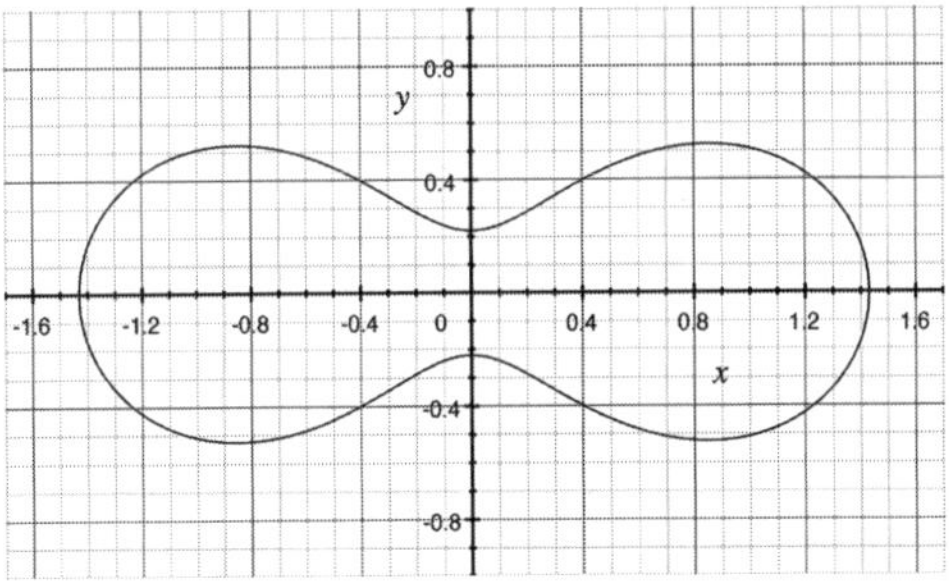

カッシーニの卵形線を表す4次式

$$(x^2+y^2)^2-2b^2(x^2-y^2)-(a^4-b^4)=0$$

a, b はある正の実数

ッシーニが、その曲線を調べたことに因《ちな》んで付けられました。

こうした数学的に有名な曲線のことを、「8の字解」に存在証明を与えた数学者のモンゴメリとシェンシネが知らないはずがありません。彼らは直ちにその「8の字解」の形がレムニスケート図形なのか調べ、彼らの数値計算の結果、「8の字解」の形とレムニスケート図形の間には有意な差異が存在することが分かりました。

「8の字解」の形は、その後も詳しく調べられました。例えば、スペインの数値天体力学者のシモは、8次まで多項式を拡張して、非常に精密な数値計算を行い、8次曲線の係数の値をどのように選んでも、その曲線と「8の字解」の軌道との間には、有意な違いが残ることを示しました。

そして、我が国の物理学者、藤原俊朗（北里大学）、福田宏（静岡県立大学・当時）、尾崎浩司（東海大学）の3名が、「8の字解」の軌道がレムニスケート図形ではないかという「8の字解のレムニスケート予想」が正しくないことを数学的に証明しました。

彼らは、「三体問題」に対する「8の字解」を表す数式を探すのではなく、「軌道がレムニスケート図形となるような場合、どのような関数形の力が働くのか」という、他の研究者とは異なる問題設定をしました。彼らの計算結果から分かったことは、逆2乗則に従う万有引力ではレムニスケート軌道が実現せず、その万有引力のかわりに、距離に反比例する引力と距離に正比例する斥力を合わせたものが、レムニスケート軌道を再現するには必要だということでした。ここで、距離に反比例する引力に関するエネルギーは「Ｌｏｇ型」であり、この形の関数は対数関数のことで、天文学において天体明るさの等級を表す場合に用いる対数グラフなどで、我々にとって馴染みのあるものです。また、「距離に正比例する力」の代表例は、高校の物理で登場する理想的なバネに働く力で、距離に正比例し、釣り合い点より近ければ斥力、遠くなれば引力として働く力です。そのエネルギーは距離の2乗に比例します。

　また、２００３年、前述の藤原とモンゴメリが「８の字解」の曲線は至る所で「外側に凸《とつ》」であることを数学的に証明しました。

　まず曲線が「凸」であるとは何か？　図７－６の２次曲線を見てください。

　上側の実線で表した曲線は$y=x^2$です。それは、曲線のどの箇所でもグラフの下側に膨らんでいます。このことを「下側に凸」とよびます。漢字表記の「凸」は上向きに出っ張りがありますが、数学での「凸」は向きによりません。向きを指定したい場合、先ほどの

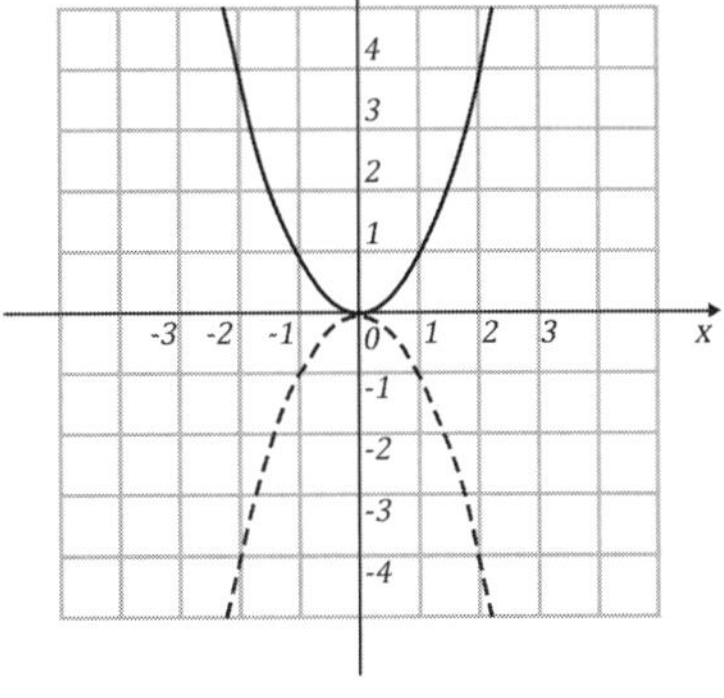

図７－６　上に凸と下に凸のグラフ

「下側に」というように補足します。

同じ図の下側の破線の曲線は $y=-x^2$ を表します。こちらのグラフは常に上側に膨らんでいるので、「上側に凸」とよびます。

すでに述べた通り、2000年にモンゴメリとシェンシネは、「三体問題」に対する「8の字解」が存在することを証明しました。ただし彼らが証明したことは、その解が表す軌道の形が数字「8」の形そのものだということではありません。

数学的に厳密にいうと、その軌道の形が「トポロジーとして8と同じ」形だということが彼らの証明の中身です。

トポロジーは、あのポアンカレが創始した数学の分野で、幾何学の一分野です。幾何学というと小学校で学ぶユークリッド幾何学が、まず思い出されます。三角形の合同とか、頂点の角度の計算とかです。トポロ

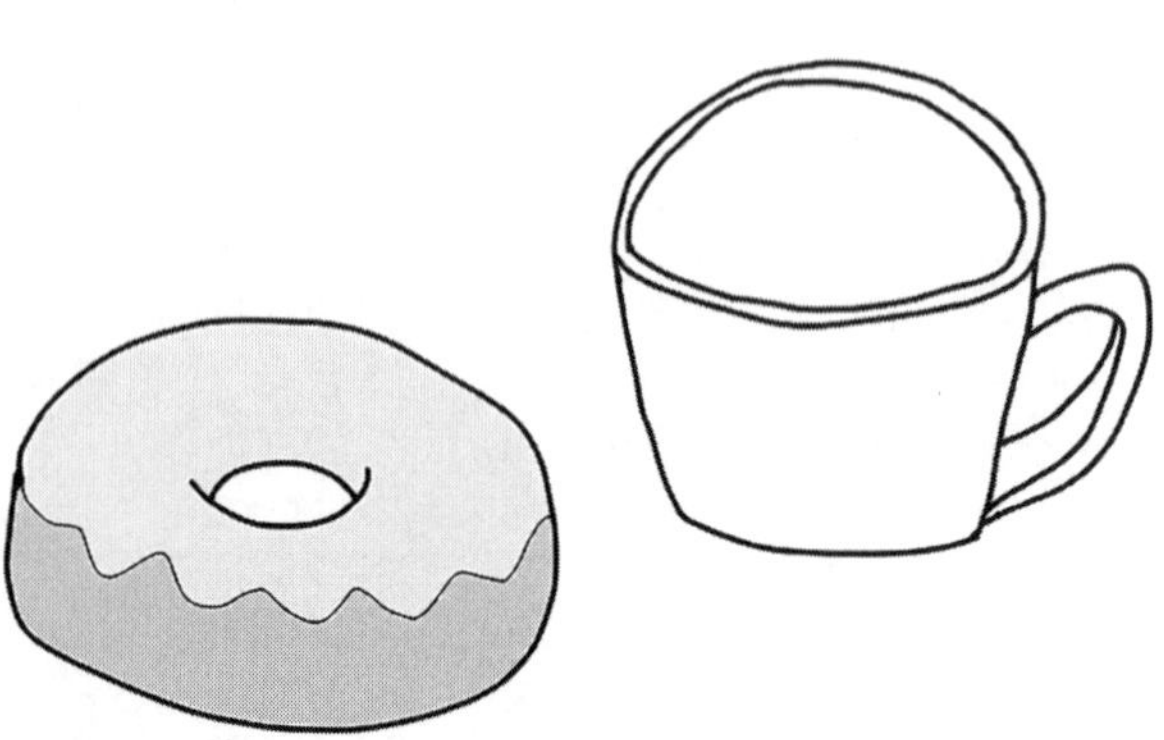

図7－7

ドーナツとコーヒーカップは、トポロジーでは、同じ形（同位相）となる。

ジーは、そんな図形の詳細は一切無視して、全体としての大まかな特徴だけを抽出して論じる学問です。トポロジーとして同じ形状の例は、サッカーボールとラグビーボール、ドーナツとコーヒーカップなどです（図7－7）。

図7－8を見てください。数字の「8」と途中でへこんでいる図形があります。どちらも一つ交点があり、穴が二つある閉曲線です。その一部でへこんでいる閉曲線のほうは、そのへこんでいる箇所で、その図形は外側ではなく「内側に凸」になっています。モンゴメリとシェンシネが与えた存在証明では、至るところで「外側に凸」である数字の「8」の形だけでなく、途中でへこんでいる（内側に凸）図形さえも許されます。その途中でへこんでいる図形を描いたとしたら、数字の「8」とは読んでもらえないでしょう。AIのような人工知能なら、「親切に」数字の8だと判読（いや、誤読か）してくれるかもしれません。しかし、ムーアが気づいた解が「途中でへこんでいる閉曲線」だったとしたら、それをそのまま「8の字解」とよんで構わないのか怪しくなります。「途中で凹《へこ》んだ8の字解」では、面白くありま

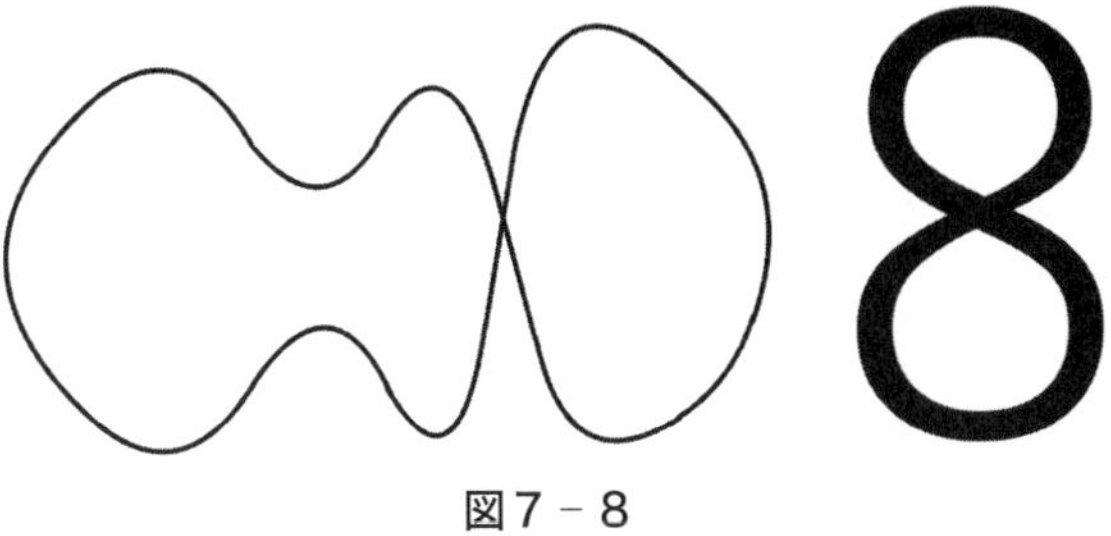

図7－8

せん。英語でも「8の字解」は「figure-eight solution」とよばれています。

この「figure-eight solution」(形としての8)があくまで「数字の8」なのか、「途中で凹んだ8」なのか、この判定を下したのが藤原とモンゴメリでした。「8の字解」が表す曲線は「至る所で外側に凸」であることが証明されたので、誰にとっても「数字の8」の解だとわかったのです。

その他の研究者らの詳細な数値計算によって、「8の字解」が万有引力のみの「三体問題」に対する解になるのは、三つの天体の質量が正確に同一の場合に限られることが示されました。

さらに、イギリスの理論天文学者でエジンバラ王立協会のフェローでもあるダグラス・ヘギーがこの「8の字解」の研究に乗り出します。彼は「古典的重力N体問題」に関して高性能計算を用いた先駆的な研究を行い、恒星系、とくに球状星団の動力学的な進化を解明する上で大きな貢献をした研究者です。ここでの「古典的重力N体」は、非常に大きい個数Nをさしていて、100万個や1億個のような大量の天体からなる、万有引力によって集まっている系のことを意味しています。

彼はその傑出した数値計算プログラムを用いて、星が集まったものである星団や銀河において「8の字解」を満たすような三つの天体が形成されるのかを調べたのでした。

皆さんの中には、高性能コンピュータなら、どんな計算でも可能だと思われている方もいるかもしれません。しかし、高速のコンピュータだとしても、演算速度は無限大ではありません。そのため、有限時間の間には有限個数の数学的処理しか行えません。

銀河における星の運動など、何百万個もの天体の間の万有引力を求めて、それらに対する運動方程式を解く必要があります。実際の計算機には「無限小」という哲学的な概念は存在しません。よって、無限小を用いて定義される「微分」という操作を「差分」に置き換える必要が生じます。それは、微分を定義する割り算での割る数（分数表示するときには、その分母）を無限に小さくする極限を取らずに、十分小さな数ながら、しかし有限の大きさの数（つまり零）で固定するのです。こうした数値計算の都合上、本来であれば連続的な量を、ぶつ切れの数で近似して取り扱うことを「差分化する」とよび、ぶつ切れの数の間の固定した間隔のことを「刻み幅」とよびます。料理で用いる「ネギの刻み」を想像してください。あの刻まれたネギの輪の高さが、この「刻み幅」とよんだものに相当します。

「刻み幅」が大きければ、ただの割り算なので、例えば、速度を「平均速度」に置き換えるようなもので、満足いくような精度で運動方程式を解くことはできません。それでは、料理のみじん切りのように「刻み幅」をずっと小さくしてしまえば、数値計算にとって都合がいいのでしょうか。

必ずしもそうとは限りません。

話を簡単にするため、１００分の１秒ごとに数値処理する計算機があるとしましょう。１００

回計算するのに1秒かかります。この遅い計算機で100億回計算させるには、どれだけかかるでしょうか。およそ3年かかります。

「刻み幅」をあまりに小さくしすぎると、その分、計算のゴールまでの計算回数が多くなりすぎ、研究者が待っている間には計算結果が得られない事態になります。先ほどの例で、100億回と書いたような回数のことです。

さらに、数値計算は厳密な数学的処理とは異なり、必ず数値的な誤差が各回の計算で生じます。計算回数を多くすれば、この数値的誤差が積み上がってしまい、最終的に得られる結果が真の答えから大きく食い違うことになります。まさに、「塵《ちり》も積もれば山となる」です。結果として、「刻み幅」を小さくしすぎない「ちょうど良い塩梅《あんばい》」で数値計算を行う必要があります。

通常の「重力N体数値計算」を天文学者が行う目的は、銀河や星団の大域的な性質、例えば、球形なのか楕円なのか、楕円ならどれくらい歪んでいるのか、中心の質量密度がいくらなのか、などを知りたいからです。この場合は、大多数の星の振る舞いを知りたいから、少数派の星の挙動は無視してもよいでしょう。大多数の星は銀河全体を大きな軌道で運動しています。

しかし、一部の星には、お互いに近づきすぎ、まわりの天体からの万有引力に打ち勝って、連星（二つの天体が重力的に結合した系）を形成するものがあります。これには、誕生時点で連星として生まれるもの以外にも、誕生した後で他の星と遭遇して連星をなす場合もあります。こうした連星は、重力N体数値計算にとって邪魔者です。

図7－9を見てください。簡単化のため、銀河の半径で円運動する星と連星として円運動する星を仮定します。前者は先ほど述べた大多数の星の運動、後者が少数派の振る舞いに対応します。

数値計算は実際の時間の長さで計算を実行しません。図のように、同じ円運動で、刻み幅の円周に対する比が同じならば、同じ計算機を用いて数値計算を実行するのに要する時間は同じになります。考えてみてください、星が銀河を一周旅行する間に、連星を構成する星は何回円運動するでしょうか。

重力N体数値計算において、2個の星が連星を形成してしまったら、その連星の軌道を高精度で計算するために計算機の計算時間が大量に消費されてしまい、連星が何十回、何百回と公転しても、銀河内の星はちっとも進まない状況になります。

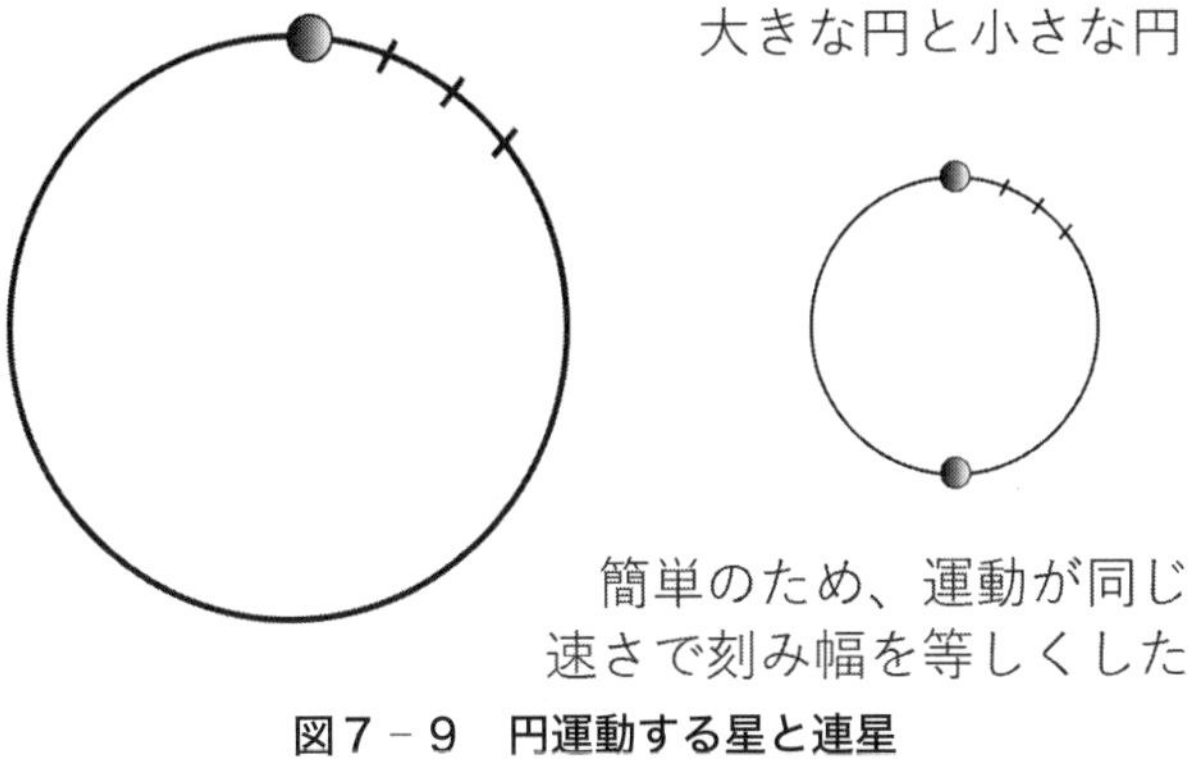
大きな円と小さな円
簡単のため、運動が同じ
速さで刻み幅を等しくした

図7－9　円運動する星と連星

この問題を回避する策として、通常、連星形成する2体系を数値的に検出すると、その2体系としての詳細な数値計算を行わずに、N体全体の数値計算に集中できるように、計算プログラムが工夫して作成されています。

まさに、ヘギーは、こうした連星形成しそうな重力N体数値計算において、2体系を素早く検出する数値計算コードの作成に関する名人なのです。

彼は、連星形成しそうな2体系を数値的に見出して、その近くの星がその2体系に近寄って来て、「8の字軌道」にほぼ近い3体系が形成されるのかどうかを調べたのです。この場合、2体系を数値的に正確に調べるのが目的なので、銀河全体の振る舞いはある意味重要ではありません。従って、刻み幅を2体系の計算向けに合わせたのです。

ヘギーによる数値計算の結果によれば、「8の字軌道」の3体系が存在する確率は、銀河あたり高々1個程度だそうです。確率の小ささは想定の範囲内です。しかし、そんな数学的なモノが宇宙に存在可能だということに驚かされます。

以上のように、数学者、物理学者、天文学者、計算機科学者らが「三体問題」に対しての「8の字解」に関する研究を精力的に行いました。しかし、核心に迫る答えは得られていません。「8の字軌道」が存在する数学的証明があり、数値的に高精度で軌道の形も計算されました。しかし、現在までのところ、その「8の字軌道」の形を数式で表現することに誰も成功していないからです。近い将来に読者の中から、その数式を発見する人が現れることを少し期待しながら、いま執筆しています。もし発見したら、その成果を公表する論文の中の脚注で構わないので、本書にひと言触れてくださいね。

7-3　その他の面白い解

「8の字」解の発見は多くの研究者のインスピレーションを刺激しました。この解は、別々の天体が一つの軌道の上を永久に互いに追いかけ、逃げ回るという規則正しい振る舞いを示します。その天体がまるで綺麗に踊っているようなので、外国の研究者は英語で「choreography」とよびます。この英単語の意味は、舞踏などの「振り付け」のことで、日本人研究者は、舞踏会からもじって「舞踏解」の愛称でよぶことがあります。舞踏会の誤植ではありません、舞踏解です。校閲さん泣かせの造語かもしれません。

「舞踏解」(choreographic solution) の定義は、N体問題において、同一の軌道の上を天体が運動する解のことです。天体の個数はN個

図7-10　舞踏解のイメージ

で、Nは3以上の整数です。

すべての天体が空間内の同一の曲線内を動けば、舞踏解となります。

いま「8の字解」に従う三つの天体を放り上げたとしましょう。その3天体がアクロバティックに上空で前方回転して、依然と一つの曲線の上に乗っているかのような解が、コンピュータを用いた数値計算で得られています。

7－4 四体問題の解

三つの天体で「8の字解」という「舞踏解」が見つかりました。それでは、三つの天体以外ではどんなことになるのでしょうか?

そこで、天体の個数を一つ増やしてみましょう。

4個の等しい質量の天体を想定します。実は、この場合には、先ほどの8の字に、もう一つ輪が増えた閉曲線の上を天体が運動することが可能であることが、数値計算によって示されました。

先ほども登場した、スペインのバルセロナ大学にある天体力学研究グ

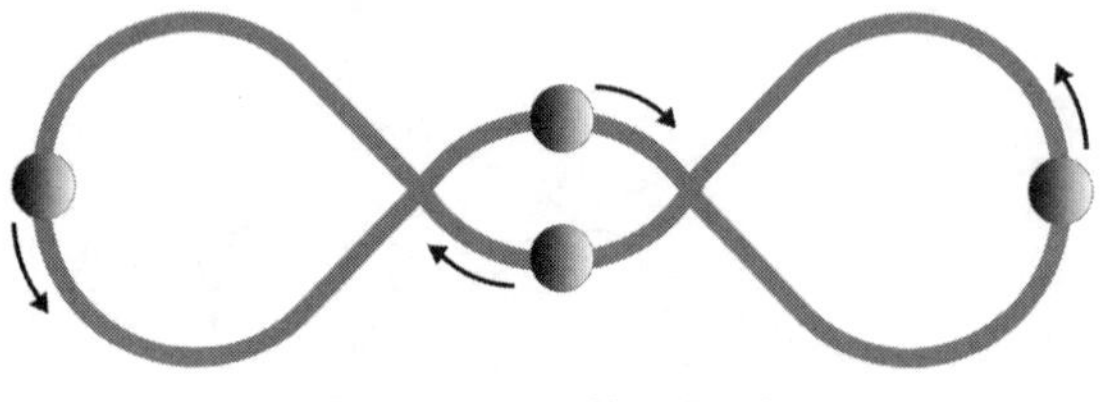

図7－11　四体問題の解

ループの主宰者カルレス・シモにより、次々と天体の個数を増やした数値計算が行われ、ついに128個の天体でも何回もねじった閉曲線の上を運動することが数値計算から示されたのです。4個、さらにそれ以上の個数の天体に対しても、さまざまな舞踏解が数値的に見つかり始めます。

例えば2013年、セルビアの原子核理論に関する物理学者のミロヴァン・スヴァコフらは大規模な数値計算キャンペーンを行いました。原子核物理における多体系の数値計算に習熟している彼らは、その数値計算スキルを、この天体力学の問題解決に投入したのです。

彼らの数値計算キャンペーンは、選挙キャンペーンのように、幅広いパラメータ空間の中を細かくパラメータの値を変えていき、万有引力に対する「三体問題」の周期解を探し出すというものでした。

闇雲に物事を進めても、効率的にいい結果は得られません。スヴァコフらは、あのトポロジーの分類法を用いて、およその軌道の形状（トポロジー）の分類を予め行っておいてから、その予想したトポロジーに対応する軌道が存在するかどうか、大規模な数値計算を行って判定したのです。

結果、彼らは12個もの新たな周期軌道の族を数値的に発見しました。

人工知能が発達してきて、こうした数値的に探す作業はいずれＡＩに取ってかわられてしまうかもしれません。しかし、人間には閃きがあるので、誰かが「三体問題」の全く新しい解を見つける可能性が残されていると思いませんか。1993年にムーアがねじることを閃いたように。閃きとは、一瞬にして直感的に素晴らしいアイデアを思い付くことです。閃きは、人類が備えた能力です。それは、出発点から次々と論理・計算を積み重ねて結論を得ることとは正反対の行為なのです。

※　本文中で紹介した「8の字解」など、近年、発見された軌道の動画や図を、シェンシネさんが執筆した"Three body problem"（三体問題）というｗｅｂサイトから見ることができます。
URL：http://www.scholarpedia.org/article/Three_body_problem
doi:10.4249/scholarpedia.2111

8章 一般相対性理論の登場

8-1　一般相対性理論の誕生前夜

7章までの話題は、主に天体に働く力がニュートンによって発見された万有引力によるものであるという内容でした。この万有引力の大きさは、二つの天体の質量の積に正比例し、その天体の間の距離の2乗に反比例する「逆2乗則」に従います。

その逆2乗則の形は、数学上の勝手な仮説ではありません。ケプラーが発見した惑星運動における規則性を3章で説明しましたが、その規則性を天体間の引力が実現するためには、距離の2乗に引力が反比例することは絶対に必要なのです。これは唯一の可能性であり、逆2乗則以外の選択肢は存在しません。天体間の引力を表す力として、距離についての逆2乗則以外の関数の形を選んだとすると、それはケプラーの法則と直ちに矛盾してしまいます。論理的な科学者は、誰一人としてニュートンの重力に関する逆2乗則を疑いませんでした。

このようにニュートンが見出した逆2乗則に従う万有引力の理論は、盤石なものに思えました。

1905年、アルバート・アインシュタインは特殊相対性理論を提唱します。この理論は「時間」という概念が唯一絶対的なモノ・コトではない、という過激な提案をする新しい物理理論です。まず、この理論が登場する経緯に触れたいと思います。

アインシュタインの特殊相対性理論誕生から遡ること18年前の１８８７年の米国に、アルバート・マイケルソンとエドワード・モーリーという二人の科学者がいました。彼らは、地球が太陽のまわりを公転していることを利用し、地球の「エーテル」に対する運動速度を測る目的である光学実験を行いました。ここで「エーテル」とは、当時の科学者たちが想像した未知の物質です。これはロバート・フックによって命名されたものです。昔、電気と磁気は別のものだと考えられていました。19世紀に電気と磁気に関わる諸法則を、数式を用いて電磁気として統一することに成功した科学者がいました。英国の理論物理学者ジェームズ・クラーク・マクスウェルです。彼の理論はそれまでに知られていた電磁気学の諸法則を説明できるという意味で、電磁気学における究極の理論です。

マクスウェルの理論によれば、光を含めて電磁気の波（「電磁波」とよばれる）によって電磁気の力は伝わります。例えば、音波は空気が振動し、その波が伝わる現象です。もし地上に空気が存在しなければ、振動する物がないため音は伝わることができません。だから、宇宙空間のような真空中では音声による会話は不可能です。

音波と同様に電磁波も何かが振動して伝わるはずです。それでは何が振動しているのでしょうか。彼方の星からの光が地球に届くことから、光は地上だけでなく宇宙空間も伝わります。宇宙空間には空気などの物質は存在せず、振動すべき通常の物質はそこにはありません。しかし、何かが振動しているはずです。仕方がないので、当時の科学者たちは未知の物質が宇宙に存在していて、それが振動する現象が電磁波だと考えました。彼らはその仮想的な物質を「エーテル」と名付けました。

　この「エーテル仮説」において、電磁波の速度、つまり光の速度はエーテルが振動し、その振動が波として伝わるときの速度です。これは音波の話と同じです。

　図8－1を見てください。地球上の実験装置から進む光（電磁波）の地上に対する見た目の速さは、光の向きによって異なるはずです。それは、地球の公転運動の向きにも依存するべきです。それまで、地上での光の速度はどの方向でも同じだと誰もが考えていました。しかし、その速さは方向に依存するはずだという予想が立てられました。そ

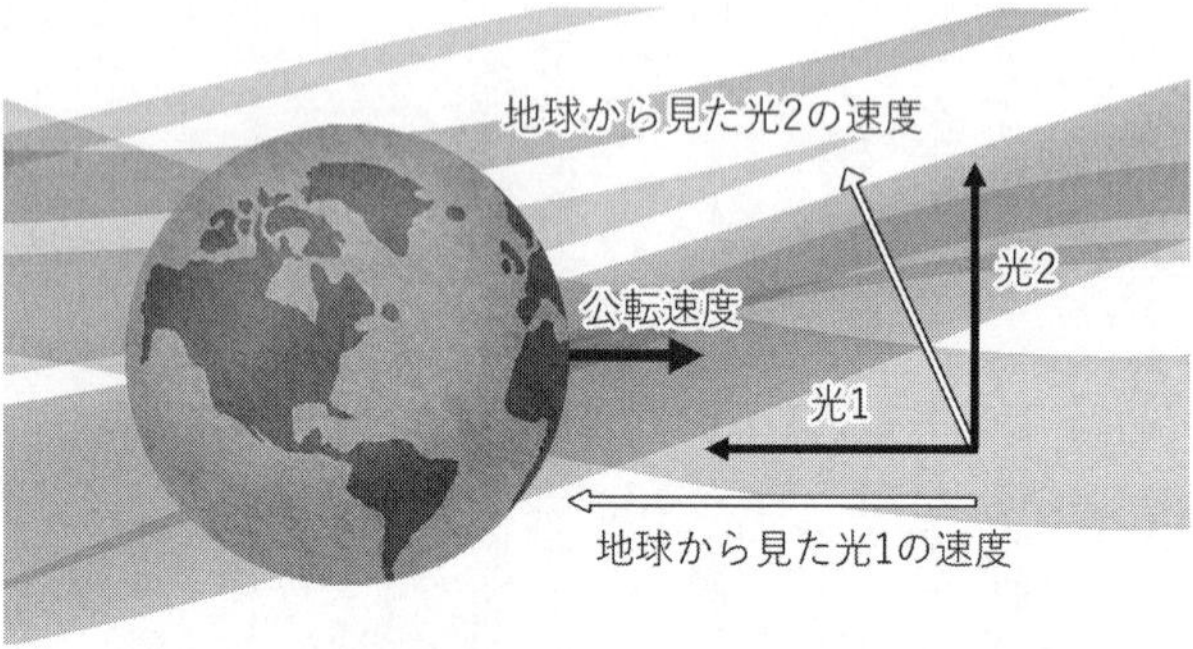

図8－1　地球から見た「エーテルの海」を進む光

れを測ろうとしたのが、マイケルソンと彼の協力者のモーリーです。

当時の理論予測では、その光の速さの方向依存性は微小なものだと考えられていました。そのため、当時の精度の悪い実験機材では捉えるのが不可能だと考えられていたのです。そこで彼らは、光の速さが微小ながら方向に依存することを検出することが可能となるように、実験装置を工夫して作製し、その測定に成功したのです。しかし、実験結果は彼らを含めた当時のすべての物理学者を当惑させました。

光の速度はどの方向でも同じだったのです！

この結果は物理学者たちを10年以上にわたり大いに悩ませました。電磁気に関する法則をことごとく説明することに成功したマクスウェルの理論を表す数式（「マクスウェル方程式」とよばれます）がすでに確立しているにもかかわらず、そのマクスウェル方程式をどんなに式変形したり、あれこれ数学的な操作をしたりしても、あのマイケルソンとモーリーの実験結果を説明できなかったのです。

そこに颯爽《さっそう》と登場した科学者がアルバート・アインシュタインでした。彼は閃きました。エーテルの時間と地上の観測者の時間が同一だという考えを破棄したのです。それまで「時間」は世の中に一つしかないものでした。仮に複数の時間が世の中に存在すれば、恋人どうしの時間はそれぞれに異なってしまい、デートの約束もできません。では、「複数の時間」とは、どういうことなのでしょうか。

　これまで「時間」の唯一性を疑う人は現れませんでした。しかし、マイケルソンとモーリーの実験結果を説明するには、「時間」がその観測者の運動状態、とくにその速さに依存する概念であることにアインシュタインは気づいたのです。彼の理論は、時間・空間の長さを決める目盛りが、その観測者の運動に依存することを明らかにしました。

　さらに運動する素粒子とよばれるミクロな物質の寿命が延びることが、その理論により予測され、その確かさは後に実証されています。これは加速器実験において日々、高精度で確かめられている事実なのです。

　驚くことに、スマートフォンやカーナビでお馴染みのGPSでは、常に特殊相対性理論の効果が取り入れられています。こうして、現在では特殊相対性理論は確立した物理理論となっています。

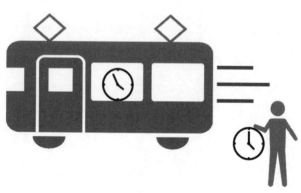

図８－２　特殊相対性理論のイメージ

20世紀初頭の世界では、この唯一時間という考えの破棄を伴う特殊相対性理論は、哲学的な議論の対象と見なされがちで、ノーベル物理学賞にも選ばれていません。アインシュタインのノーベル物理学賞の受賞の理由は、彼の別の研究成果に対するもので、もっと実証的な物理理論に関するものです。しかし、特殊相対性理論にアインシュタインを導いた、あの光速を測定する実験について、マイケルソンは１９０７年にノーベル物理学賞を受賞しています。

ただし、特殊相対性理論における時間の進み方の運動への依存性は、ＧＰＳのような超高精度の装置においてこそ重要になりますが、我々の日常生活において、時間の進み方の違いはあまりにも小さいため認識できないのです。つまり、お互いに用いている時計の進み方がほとんど同じ進み方をするため、恋人たちはデートの約束を常に守れるのです。科学者の余計なツッコミですが、仮に超高精度の時計で計測すれば、約束の時間に出会った二人は、どちらかが少し遅刻しているはずなのです。二人が歩む速度が常に同じとは限らないから。

ところがアインシュタインは、この時間・空間に関する理論に満足しませんでした。この理論は重力による加速度運動をうまく説明できなかったことに彼自身が気づいたからです。

8-2 アインシュタインの一般相対性理論登場

アインシュタインは特殊相対性理論を構築したのち、10年もの歳月をかけて新しい物理理論に到達します。それは「一般相対性理論」とよばれるものです。

この理論の核心をなすものが「等価原理」です。

この原理の起源は、あのピサの斜塔でガリレオが行ったとされる落下実験まで遡れます。物質の質量・素材・組成などによらず重力による落下加速度が同じであるという実証実験です。

アインシュタインは十分小さなエレベーターを考えました。その仮想的なエレベーターに乗っている人が、エレベーターの中で物体の落下実験をすることを想像しました。その人は手から物体を離します。さらに、そのエレベーターはどこにもぶら下がらずに、宇宙を漂っているとします。このとき、そのエレベーター、人、物体に働く重力による加速度はすべて等しくなります。これは、先に述べたガリレオの落下実

図8-3
等価原理

等価原理の基礎：人、リンゴ、エレベーターの重力加速度は等しい。

験からの帰結です。

結果として、エレベーター内の人と物体には重力が働いているにもかかわらず、その重力を感じることはできないのです。このことは、重力に任せて自由落下する観測者を基準とする時間および空間を表す座標系を用いれば、天体による引力を表現できなくなることを意味します。

天体に働く重力は、ニュートンの運動方程式における力ではなく、時間と空間における「ある幾何学」（具体的には「リーマン幾何学」とよばれるもの）の性質であることをアインシュタインは看破します。

１９１５年、彼はついにその時間と空間の幾何を決定する方程式を見出し、論文として発表しました。

この方程式は本書の主題ではありませんので、深くは触れません。興味ある人は、ブルーバックスの『「超」入門相対性理論』（福江純・著）などをご覧ください。

しかし、ニュートンが見つけた万有引力の法則からケプラーの法則を説明できたにもかかわらず、本当に新しい理論、一般相対性理論は必要なものなのでしょうか？　あるいは、一般相対性理論はケプラーの法則と矛盾してしまわないのでしょうか？

8－3　ニュートンvs.アインシュタイン

ニュートンの万有引力と矛盾する天文現象が存在しなかった当時、もちろん、多くの科学者はニュートンの万有引力に不満を持っていませんでした。

しかし、ニュートンの理論とアインシュタインの理論を比較テストする方法を閃いた天文学者がいました。英国のアーサー・エディントンです。

当時、ニュートンの万有引力と運動方程式を組み合わせて計算した光線の曲がり角と、アインシュタインの理論に基づいて計算した曲がり角では、結果が食い違うことが知られていました。彼は、その違いを皆既日食のとき、太陽の向こう側にある星の見かけの位置を観測することで検証できることに気づきます。昼間では太陽方向の星は見えませんが、日食によって太陽からの光が遮られる瞬間ならば、太陽方向の星が見えるのです。そして、彼らの観測により、一般相対性理論の正しさが確かめられました。

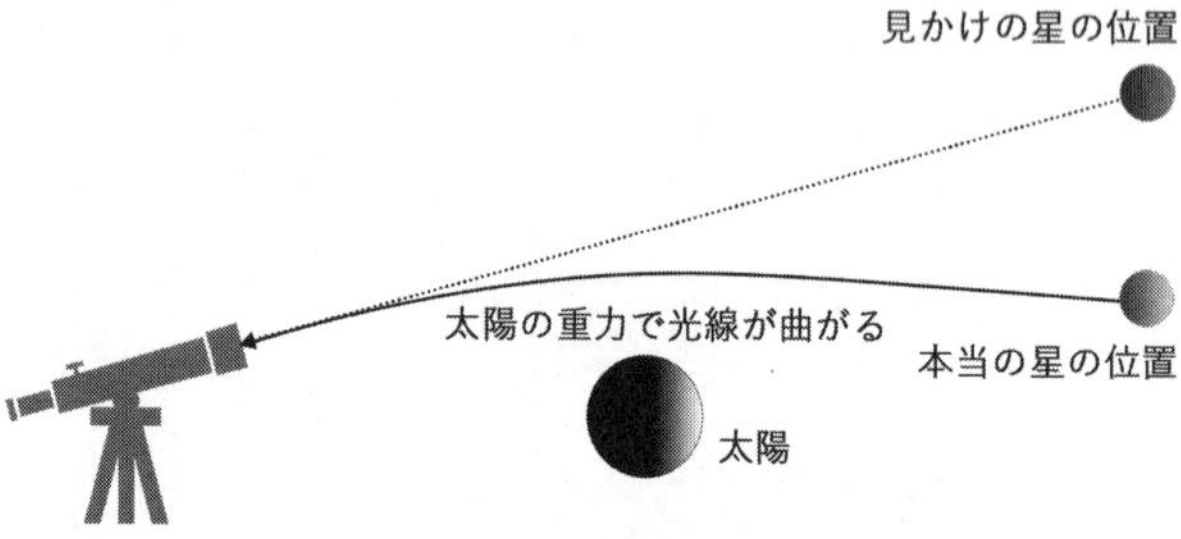

図8－4　エディントンの実験アイデア

その後も重力場中の光線の曲がりの測定は、電波天文学の創始など、天文観測技術の進歩に伴い、素晴らしい精度で行われました。そこからも一般相対性理論のさらなる正しさが確認されています。

2019年、M87銀河の中心に位置する巨大ブラックホール候補の影の撮影が公表され、大きな話題になりました。遠く離れたブラックホールを撮影するためにも、一般相対性理論の知識が役に立っているのです。このことを詳しく知りたい方は、本間希樹さんの著書『巨大ブラックホールの謎』（ブルーバックス）をご覧ください。

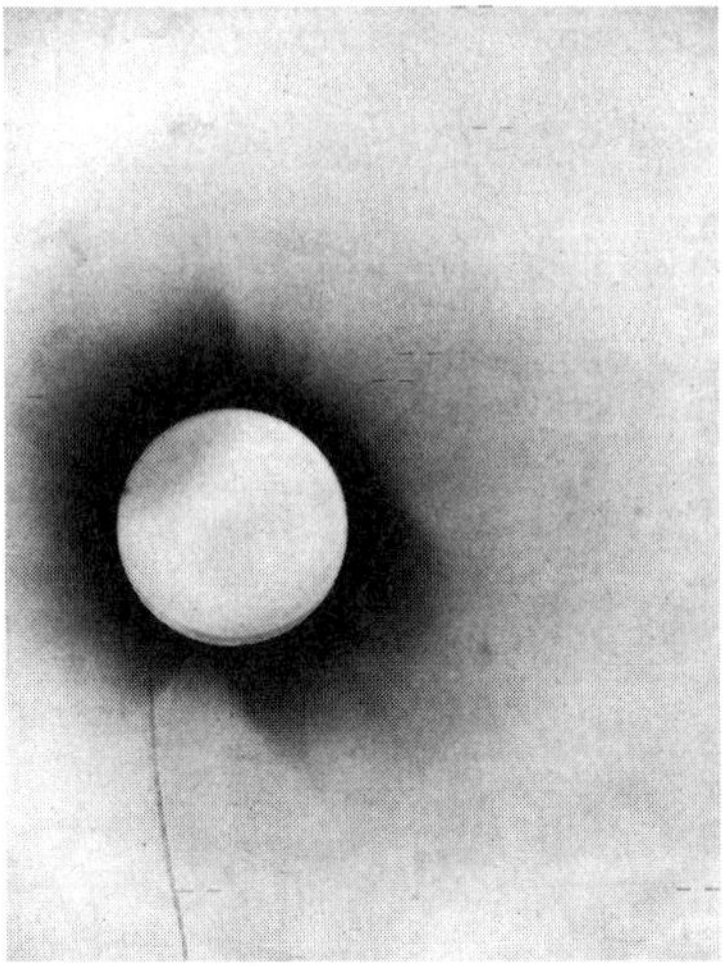

図8－5　エディントンの日食写真

8－4　逆2乗帝国の崩壊――水星の近日点異常

ニュートンの提唱以来、200年以上もの間、天体間の引力は逆2乗則に従うことを疑う人はいませんでした。しかし、光線の曲がり具合を観測することにより、ニュートンの万有引力よりもアインシュタインの一般相対性理論のほうが、正しく宇宙を記述することが判明します。

それでは、万有引力の法則がケプラーの惑星運動に関する法則を説明できたという事実は、一般相対性理論が認められた後、どうなってしまうのでしょうか。とくに、これまでの章で見てきたように、天体間の引力が距離の2乗に反比例することは、惑星の軌道が楕円であることから数学的に厳密な証明が与えられたはずです。数学の証明が必ず正しいことは、学校で習った通りです。では、あの数学的な証明に気づかない間違いがあったのでしょうか。あるいは、一般相対性理論でも天体間の引力は逆2乗則に従うのでしょうか。

答えはそのどちらでもありません。

ケプラーに叱られてしまうかもしれませんが、実は、ケプラーの惑星運動に関する法則が間違っていたのです。

3章でも紹介したブラーエの観測データには、当時の観測技術に伴う測定誤差が含まれています。その測定誤差が許す範囲内で、ケプラーの三つの法則は正しいです。しかし、当時の精度よりもはるかによい精度で観測すれば、実際の惑星運動の性質は、ケプラーの法則からわずかながらずれていたのです。

19世紀末の時点で、水星の運動に異常があることが見つかっていました。太陽に一番近い点を近日点とよびます。楕円軌道の場合、その楕円の近日点は空間内で固定されており動くことはありません。水星が近日点を通過し、周期運動して再び太陽に最も近づく点はその近日点で、宇宙空間における同一の点であり続けます。

しかし、長年にわたる天文学者らの水星の位置観測の結果をつなぎ合わせると、100年間で約43秒角、近日点が異常に移動していることが分かったのです。「秒角」とは天文学で用いられる角度の単位です。1度の60分の1が1分角で、そのまた60分の1が1秒角です。つまり、1秒角とは、1度の3600分の1に相当する大変小さな角度です。

水星の近日点移動の大きさは、10年間でわずか4・3秒角です。ブラーエやケプラーの時代にこれを検出することは不可能だったのです。ですから、ケプラーは全く正しいデータ解析を行い、そのデータ解釈に基づき、正しい結論を導き出したのです。

4章で議論した通り、2体系以外に3番目の天体が仮に存在すれば、3番目の天体からの引力で2体系の軌道は変化します。水星の楕円軌道に対する影響としては、その軌道が水星にいちばん近い金星および太陽系でいちばん重い惑星である木星によるものが主要です。これらによって、水星の近日点が移動することは、すでに知られていました。しかし、こうした他の惑星からの影響よりも、実際の水星の近日点移動は大きなものでした。この差は、一般相対性理論が登場するまで、誰も説明することができない不思議な現象だったのです。未知の天体が太陽系に存在する証拠だと夢想した科学者さえいました。先ほど「近日点が異常に移動」と表現したのはそれが理由です。

当時の天文学者たちは、近日点移動異常が新しい物理理論を示唆している証拠だとは真剣に考えていませんでした。何人もの観測データをつなぎ合わせ、さらに、その観測データ自体が異なる天文台の観測装置を用いて得られた値です。さらに、水星の近日点移動の議論には、他の惑星による水星軌道への影響を差し引く必要があり、その影響の計算は三体問題もしくはN体問題の逐次計算（1章を参照）であり、その引き算の値の精度が100年間で43秒角より小さいものでなければ、近日点移動異常が有意に存在するとはいえません。当時はAIどころか電卓さえない時代です。逐次計算は膨大な手計算にならざるを得ませんでした。

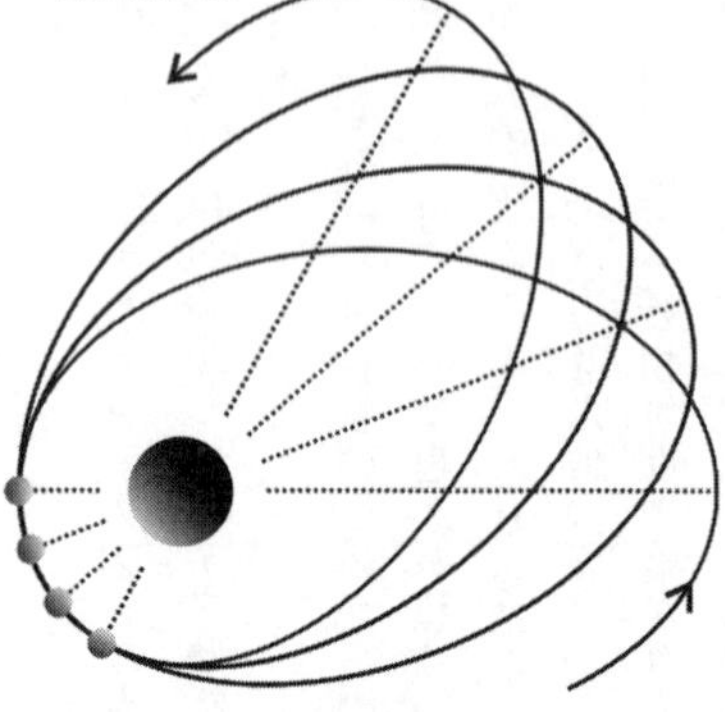

図8－6　近日点の異常な移動

実際、フランスの数学者・天文学者のユルバン・ルヴェリエが長大な逐次計算を行い、1859年に他の惑星による影響での水星の近日点移動の値を発表しました。その値は100年間で526・7秒角でした。1895年には米国の天文学者サイモン・ニューカムが、逐次計算法を改良して計算した結果を報告しました。彼の値は100年間で531・75秒角でした。計算手法によって計算結果がかなり違ってくるのです。ただし、いずれの結果も水星の近日点移動の異常分の43秒角より10倍以上も大きいものです。結局、この他の惑星による影響の分の引き算が絶対に正しいと確定するまで、近日点移動の異常が実在するのか、見かけのものなのか決着しないように考えられました。

天体力学における逐次計算法を改良するのではなく、アインシュタインは自身の一般相対性理論を用いて、近日点移動の異常を定量的に説明することに成功しました。これによっても、一般相対性理論がニュートンの万有引力より正しいことが明らかとなりました。ただし、ニュートンの万有引力が間違っているのではありません。その理論は正しい科学理論なのですが、近似的にしか成り立っていなかったのです。

論理的に書くと、ケプラーの法則は近似的に成り立つものなので、その近似的な法則を用いて厳密な式変形で導き出された逆2乗則はあくまで近似的に成立するものです。

8-5　新しい運動方程式および逆2乗則に対する補正

アインシュタインが一般相対性理論を用いて水星の近日点移動を初めて計算することによって

——さらにその後のより詳細な研究の結果——天体間の引力を表す新しい表式が得られました。それは、彼と共同研究者の名前から「アインシュタイン・インフェルト・ホフマン方程式」(以下EIH方程式と記述します)とよばれます。

ここで注意してください。ニュートンの運動方程式は、別の数式から出発して計算から導出することはできません。彼の力学理論の出発点である運動の法則の一つを数学的に表現したものです。運動の第1法則と第3法則を組み合わせて、それらを式変形しても第2法則を証明できないのです。要は、目的地には到達できても、出発点に到達することはできないのです。ただし、物理学の広い体系の中では、「最小作用の原理」という、より根本的な物理の根幹が後世に見出されました。そこからニュートンの運動方程式を導くことは可能です。

それでは、ニュートンの運動方程式がそうであったように、EIH方程式は一般相対性理論における出発点に相当するものでしょうか。

そうではありません。一般相対性理論は、物体の運動における力およびその運動方程式、さらにいえば、物質を直接的に規定する理論ではないのです。一般相対性理論は物理の理論なのに、とても不思議な話です。

アインシュタインは、特殊相対性理論によって明らかになった時間という座標の物理的実在、そしてその時間座標が空間の座標と同等に扱われ、その時間と空間の座標が表す時間空間の「4

次元の幾何」こそが、万有引力の正体だと見破ったのです。このことから時間と空間は数学的な計算道具ではなく、物質と同じく物理的実体を備えた対象となったのです。

その幾何はユークリッド空間のように硬く変形しないものではなく、ぐにゃぐにゃと曲がるものであることにアインシュタインは気づきました。そして、いくつかある数学理論の中で、「等価原理」を満足するものがリーマン幾何学だったのです。この新しい幾何学は、19世紀半ばにドイツのゲッチンゲン大学の数学者リーマンが提唱したものです。このリーマン幾何学のことをアインシュタインに示唆したのは、大学時代の学友で数学者のマーセル・グロスマンでした。アインシュタインの主張する等価原理とは、先ほどの自由落下する小さなエレベーターの中では、重力以外の物理法則、とくに特殊相対性理論がそのまま成り立つというものです。

このようにして物質の質量・エネルギーなどを源として、時間空間の曲がり具合を決める方程式が、一般相対性理論の出発点にあたります。その方程式は1915年にアインシュタインにより提唱され、のちに「アインシュタイン方程式」とよばれることになります。提唱者自身は、1915年の論文において「重力場に対する方程式」とよんでいます。

アインシュタイン方程式を解くと、その解として得られるものは、時間・空間の幾何構造です。曲がった時間・空間の中を物質が運動するというもので、より正確には、質量を持つ物質だけでなく、質量ゼロの光もまた曲がった幾何構造の中を進みます。曲がった幾何に直線は存在しませんか。だからこそ、エディントンが実証した通り、重力場中で光の進路は曲がっていたのです。

この曲がった時間・空間の中を物体が動く様子を調べたアインシュタインと彼の共同研究者は、ニュートンの運動方程式によく似た形の運動方程式によって、その物体の運動が記述できることに気づきます。これが、先に述べたＥＩＨ方程式です。

さて、アインシュタイン方程式は大変複雑な方程式で、複数個の方程式から構成され、互いに絡み合っています。また、各々の方程式は微分方程式です。この方程式はニュートンの運動方程式よりもマクスウェルの電磁場の方程式に近い形の微分方程式になっています。3章で見たようにニュートンの方程式は、時間に関する微分のみを含む常微分方程式でした。しかし、マクスウェル方程式は時間と空間の両方の微分（「偏微分」とよばれる）を含む偏微分方程式が連立したものです。

マクスウェルの方程式では、求めたい量に対して1次の形（「線形」ともいわれる）のみが現れますが、アインシュタイン方程式は、2次以上を含む非線形偏微分方程式なのです。例えば、ニュートンの万有引力の場合、ある天体の運動方程式の左辺と右辺にその天体の質量が存在して、それらがちょうど打ち消し合います。3章で登場した「加速度イコール……」の形にすれば、その他の天体の質量の1次のみが、イコールの右辺に現れます。実際、ニュートンの万有引力理論では、複数の天体によって作り出される重力の強さは、個々の天体が作る重力を単純に足し合わせたものになります。

一方、一般相対性理論では、重力の強さは個々の天体による重力の足し算ではありません。その数式に現れるものは、天体の質量の1次だけでなく、質量の2次、3次、4次、……と無限に続く項が現れます。ここでは計算の詳細は省きますが、EIH方程式における物体に働く力には、ニュートンの万有引力と同じ形のものが現れます。ただし、これ以外にも、「逆3乗則」に従う力も新たに登場します。これは、天体の質量の3乗に比例し、それらの距離の3乗に反比例するものです。しかも、距離の3乗だけではなく、

「天体1と天体2の距離の2乗」×「天体2と天体3の距離」

といった掛け算の形などさまざまです。

この逆3乗則に従う力を太陽系のような状況で調べると、その新しい力はニュートンの万有引力の大きさよりも数桁以上も小さいことが分かります。それゆえ、この逆3乗則に従う力は、太陽系において、ニュートンの万有引力に対する微小な補正として振る舞います。

また、天体の質量の現れ方も多様になります。例えば、質量がM_1、M_2、M_3の3天体の場合、この逆3乗則に従う力には多くの組み合わせが可能です。質量の3乗として、$M_1^2M_2$, $M_1^2M_3$, $M_2^2M_1$, $M_2^2M_3$, $M_3^2M_1$, $M_3^2M_2$ および $M_1M_2M_3$ の7通りがあります。ニュートンの万有引力に

おける3体の質量の積はM_1M_2, M_2M_3, M_3M_1の3通りだけです。この3通りに対して、一つの質量の次数を1から2に増やしたものが、先ほどの7通りのうちの前半の6通りになります。この6通りのものは、やや複雑な関数の形になっても、あくまで二つの天体の間の力です。

ところが7つ目の$M_1M_2M_3$は三つの天体の間の力です。その$M_1M_2M_3$に比例する力は、二つの天体の間の力に還元することが不可能なのです。さらに、このＥＩＨ方程式における力に相当する項は10項以上あり、質量や距離だけで表現できないものまであります。例えば、天体に働く力が、その天体の速度あるいは別の天体の速度の2次の形に依存するのです。ニュートンの力学理論でも、こうした物体の速度に依存する力が現れますが、ニュートンの万有引力にはそんな速度依存性はありません。この速度に依存する新しい力も、計算をしていくと、太陽系のような状況においてニュートンの万有引力より数桁以上も小さいことが分かります。

これまでの話をまとめると、アインシュタインの一般相対性理論における天体の運動はＥＩＨ方程式とよばれる新しい運動方程式に従い、その方程式における力には万有引力だけでなく、補正として質量の3次に比例する逆3乗則に従う力もあれば、さらに天体の速度に依存する項まで登場するのです。

紹介したＥＩＨ方程式は、一般相対性理論における天体の運動を求めるための出発点ではありません。一般相対性理論における数式がとても複雑なため、そのＥＩＨ方程式を導き出すさいにある近似が用いられています。その近似は、ポスト・ニュートン近似とよばれるもので、「遅い近似」と「弱い近似」の両方を合わせたものです。「遅い」、「速い」という言葉を用いる場合には比較が必要です。

世界最速の人は100m走で9秒58の世界記録を持つジャマイカのウサイン・ボルトです（2020年12月時点）。彼に比べれば、普通の人の走りは遅いです。しかし、地上最速の哺乳類チーターは、100mを約5秒で駆け抜けます。ボルトのおよそ倍の速さです。チーターと比べれば、世界最速のランナーでも遅いのです。

特殊相対性理論によって、最大の速度が光速であることが示されました。この究極の速度と物体の速さを比較することで、その物体が遅いか速い（つまり光速に近い）かどうかを判断するのです。先ほどの「遅い近似」とは、天体の速さが光の速さより小さいことを仮定する近似です。太陽系などにおける天体の速さの光速に対する比が1より十分小さいため、その比で関連する物理量をベキ展開するものです。地球の公転速度は毎秒約30kmです。これは光速より4桁も小さいです。

また「弱い近似」とは、天体の作る重力が弱いことです。重力の強さの目安として、1個の天体の場合にはその天体の質量と大きさの比、2個以上の場合にはそれらの天体の総質量と天体間の距離（のうち最小のもの）の比が「ある値」より十分小さい場合にその比を用いて逐次的に計算する近似のことです。「ある値」とは、ブラックホールの場合の質量と半径の比の値のことです。史上最も強い重力を持つ天体がブラックホールですから、その最強の天体と比較するのです。ブラックホールの表面では、引力が強すぎて、いかなる物質も、光さえも、その外側へ逃げることができません。その表面は完全な片側通行です。太陽の表面は、ブラックホールの表面に比べて5桁も重力が弱いのです。もちろん、太陽半径より何桁も大きい距離にある惑星と太陽の間の重力はそれよりさらに何桁も小さくなります。

以上の通り、太陽および太陽系において「遅い近似」と「弱い近似」の両方が同時に良い精度で成り立つことが分かります。こうして、先のEIH方程式における万有引力以外の項は、その万有引力に対応する項より十分小さいため、それらの項は万有引力に対する微小な補正を表していることが理解できます。

8-6 二体問題でさえ解けない!?

EIH方程式を用いて2天体の軌道をあらためて解けば、一般相対性理論における「二体問題」の解が得られるのでしょうか。答えはイエスでもあり、ノーでもあります。

ノーである理由は、EIH方程式では、一般相対性理論における2天体の未来を完全な形で決定できないからです。すでに説明した通り、ＥＩＨ方程式は「遅い運動」と「弱い重力」の両方の近似を用いて導かれたものでした。これはニュートンの万有引力に対する運動方程式に対する一般相対性理論から生じる補正を含んでいます。しかし、この補正がすべてではありません。質量の４次、５次などの補正が次々と無限に続きます。これらの高次の補正は、「弱い近似」の仮定が成り立つ範囲では、ＥＩＨ方程式における質量の３次の補正効果より十分小さいことが期待できます。また、速度に依存する補正項も、速度の２次、４次と続きます。こうした速度の高次補正もまた、「遅い近似」が成り立つ範囲で、ＥＩＨ方程式における速度の２次項よりも十分小さいと考えられます。

これらの小さい補正を考慮しなければ、一般相対性理論における物体の運動が理解できません。これが厳格な立場での考えであり、この立場では、ＥＩＨ方程式は多くの項を無視しているため、答えはノーとなります。

一方、現実的な人なら、「どうせ他の物理的効果、３体目の効果や重力以外の効果など考えれば、そんな微小な高次の補正を無視して近似的にＥＩＨ方程式の解で十分なのではないですか」という意見をお持ちかもしれません。これは、とくに太陽系の惑星運動に関して正解です。この現実的な立場では、答えはイエスです。実際、ＮＡＳＡや我が国の国立天文台などが協力して天文暦を作成するさいに、惑星の軌道計算を行うさいに用いる方程式が、ＥＩＨ方程式をその計算に適した形に変形したものです。

8-7 重力波の存在

太陽系以外の天体現象に対してもＥＩＨ方程式は十分なものでしょうか。その答えは、対象とする天体により異なります。「遅い近似」や「弱い近似」がどの程度成り立つのかは、天体に依存します。つまり、天体の速さの光速に対する比の値、および天体の質量とその大きさに対する比の値がどうなっているのかに近似の成否が依存します。

中性子星とよばれる天体が知られています。これは太陽の平均密度の約10^{14}倍という非常に高密度な質量の天体です。このような高密度な星やブラックホールを含む連星では、その運動速度が光速の10パーセント近いという天体が存在します。こうした宇宙最速クラスの天体では、「遅い近似」の主要項以外の高次の項も、その運動に対して無視できない影響を与えます。先ほどＥＩＨ方程式において、「速度に依存する補正項も、速度の２次、４次と続きます」と書きました。３次が存在しない理由は、「時間反転対称性」と関係します。

時間を逆向きにしても変わらない場合、「時間反転対称性がある」という言い方をします。大雑把にいえば、ビデオ撮影して、その撮影した動画を順送りしても逆再生しても区別できない場合が、時間反転対称性がある状況です。二つの天体が互いのまわりを回っている動画と、その逆再生したものを見比べて、どちらが正しいか言い当てられますか（図8－7）。

この時間反転対称性があれば、速度に依存する補正項には、速度の偶数次しか登場しません。これは速度が時間に関する微分なので、時間を反転させれば、その符号が反転するためです。このため、速度の偶数次は、時間反転対称性を有します。一方、速度の奇数次には、時間反転対称性がありません。

ここで重要になるのが「重力波」です。重力波とは重力が波として伝わる現象です。電磁気力が波として伝わる現象が電磁波として19世紀末には知られており、マクスウェルの電磁気の方程式を用いて完全に記述されます。

重力波はニュートンの万有引力理論には存在しません。その理論では、重力は波として伝わらないのです。ニュートンの理論において、ある瞬間の重力は、それと同時刻に空間全体に存在するものであり、空間の何処《どこ》かから別の場所に時間をかけて波として伝わるものではないのです。

一方、一般相対性理論において、加速運動する天体からは重力波が放

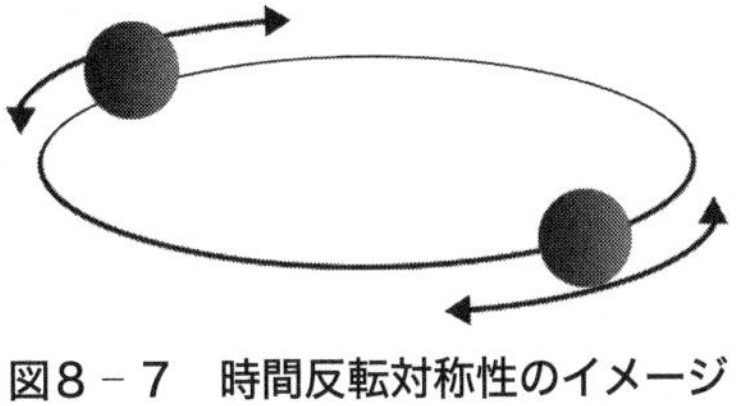

図8－7　時間反転対称性のイメージ

出されます。これは加速運動する天体のまわりの時間空間の幾何構造が時間的に変化するからです。この時間空間の幾何的な変動が波として伝わるのです。これが重力波の正体です。空気中のように物質が振動するのではなく、時間空間の幾何それ自体、つまり物質を置く「器《うつわ》」自体が振動するものが重力波です。

天体が1個だけ存在する場合、その天体は静止することができます。実際、運動している場合、その天体を基準にする座標系を選ぶことで、静止している状態として必ず記述できます。静止している天体ですから、そのまわりの時間空間の幾何もまた時間的に変わらないため、時間空間の波である重力波は生じません。天体が2個以上存在する場合、互いの重力の影響から、これらの天体は加速度運動をします。この天体系が静止しているような座標系を選ぶことは不可能です。どんな座標系で記述しても、天体系が動きまわるわけですから、そのまわりの時間空間の幾何構造も時間変動します。従って、天体が2個以上存在する場合には重力波が発生します。

「弱い近似」の仮定をして、アインシュタイン方程式を近似的に調べ

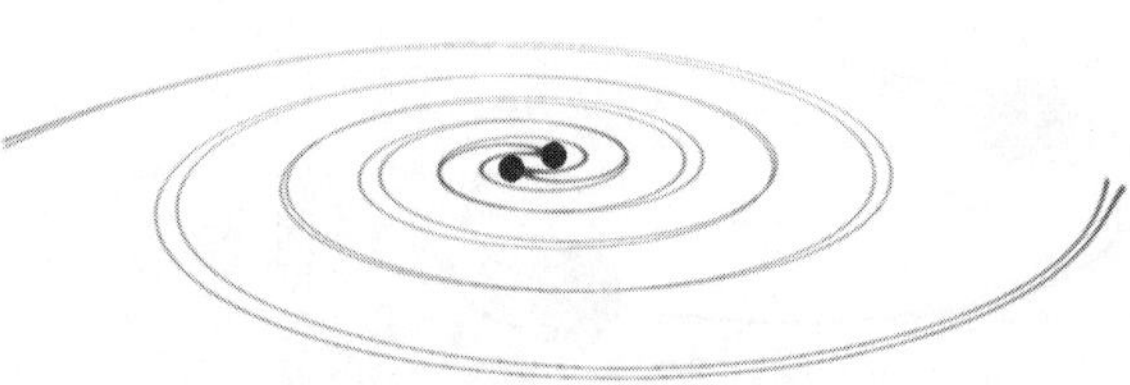

図8－8　重力波を出す2天体のイメージ

ると、その方程式が電磁波の方程式と似た構造を持つことが分かります。具体的に計算すると、重力波が光速で伝わることを表現する方程式が得られます。

電磁波は信号情報だけでなく、エネルギーを運びます。例えば、スマートフォンは待ち受けのままでも、基地局と電波を送受信することでスマートフォンに蓄えてあったエネルギーが減少するため、充電が必要になります。同様に、重力波もエネルギーを運びます。連星からは重力波が放出され、連星の持つエネルギーは時間と共に徐々に減少していきます。この現象は、当時、電波天文学分野の大学院生だったラッセル・ハルスと指導教員のジョゼフ・テイラーが１９７４年に発見した連星パルサーを用いた観測によって確かめられました。彼らは、１９９３年にその成果によってノーベル物理学賞を受賞しました。

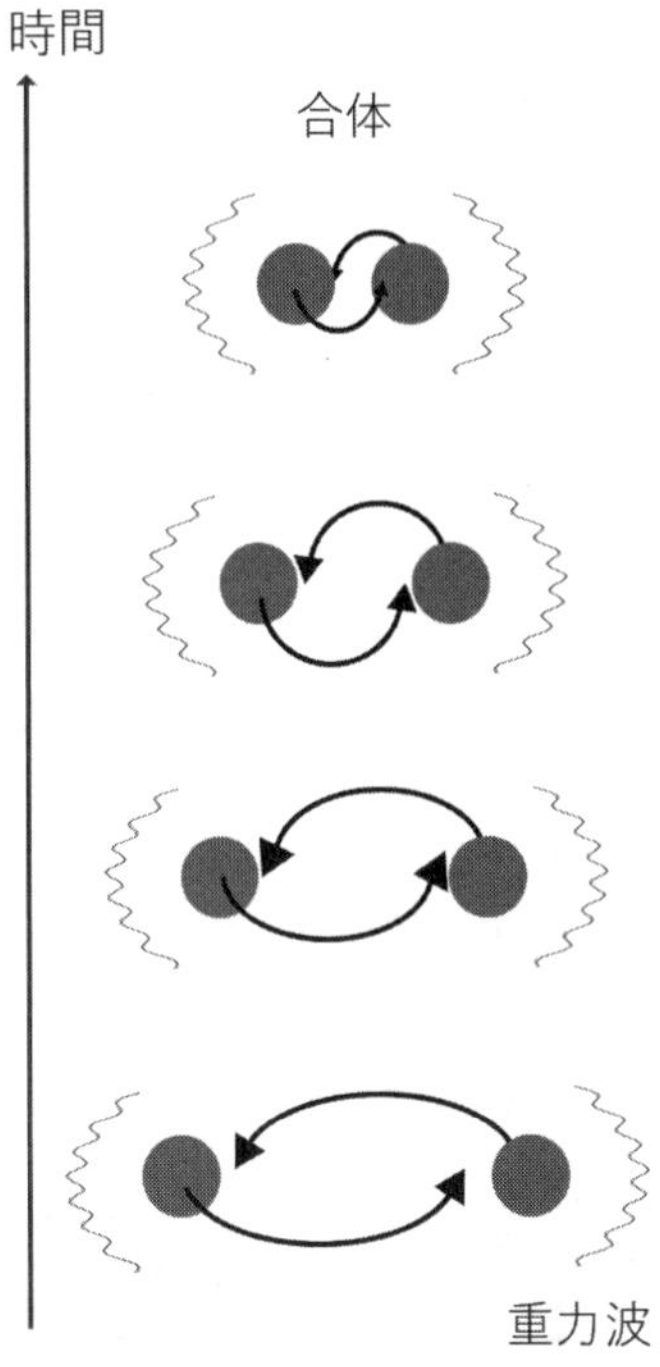

図8－9
重力波を放出する連星

放出される重力波が連星のエネルギーを運び去るこの現象には、時間反転対称性がありません。エネルギーを失う連星では、その公転軌道が徐々に小さくなるのです。もしその現象をビデオ撮影して逆再生すれば、連星が互いに遠ざかるという不自然な挙動を示します。

この重力波に関わる現象は時間反転対称ではありません。そのため、重力波に関する効果は、EIH方程式における補正項、特に速度に依存する項にて「奇数」の次数で現れます。具体的に書けば、2次、4次の次は6次ではなく、この重力波起源による5次の項が現れます。しかもこの5次の項は、天体の軌道の大きさ、例えば楕円軌道の長半径のようなものを時間的な定数としません。天体のエネルギーが減る結果、軌道が縮むからです。一方、質量中心（共通重心）の位置を座標原点に選ぶことで、必ず3次の項を消去できることが知られています。

EIH方程式の二体問題に対して、楕円軌道は存在しません。力が距離の逆2乗でないため、ベルトランの定理を満たさないからです。

円軌道は依然として二体問題の解として許されます。しかし、重力波の効果が現れる速度の5

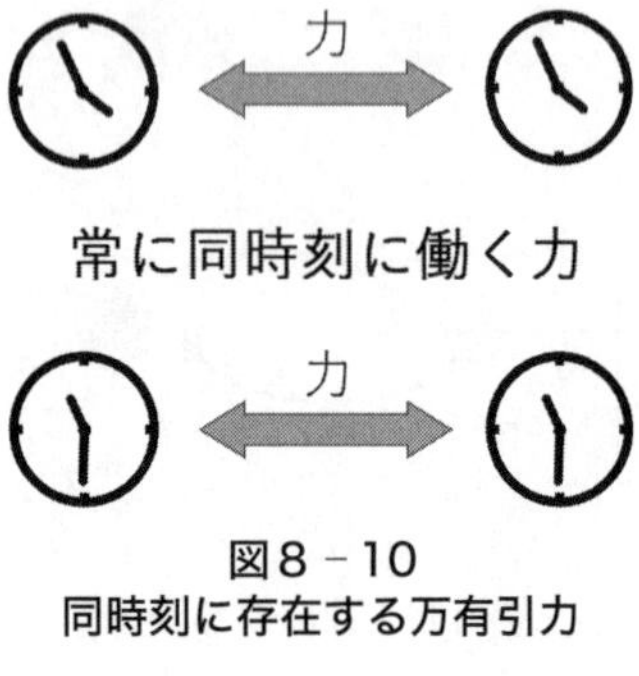

図8－10
同時刻に存在する万有引力

次の力を考慮すれば、もはや円軌道は二体問題の解ではありません。2体の持つエネルギーが重力波を放出することによって減少するため、円軌道の半径は徐々に短くなってしまいます。厳密にいえば、円ではなく徐々に中心に向かって落ち込む、（令和の子どもは見たことがないであろう）蚊取り線香のような「渦巻き」の形が軌道の本当の姿なのです。もはや解析的に軌道の形を求めることは困難です。

こうしたＥＩＨ方程式を超える高次の効果は、20世紀末頃まで、実際の天文学とはかけ離れた純粋に理論的な研究対象だと思われていました。しかし、２０１５年、米国のＬＩＧＯ《ライゴ》チームが重力波の直接検出およびブラックホール連星の合体の観測に人類史上初めて成功しました。このように近年、重力波天文学によって、ＥＩＨ方程式を超える高次の研究に対する需要が増しています。

9章 一般相対性理論の効果を入れた三つの天体のユニークな軌道

9-1　一般相対性理論における「三体問題」

前章ではアインシュタインの一般相対性理論のほうが、宇宙を記述する理論としてニュートンの万有引力の理論よりも正確であることを説明しました。現在までのところ、一般相対性理論と明らかに矛盾する天体現象は一つも見つかっていません。アインシュタインの一般相対性理論は、天体に働く重力に関して最も正しい理論と考えて差し支えありません。

ただし、超ミクロな世界は量子力学が支配しています。一般相対性理論とこの量子力学は、そのままでは両立することができません。実際には、相対性理論を特徴付ける定数である「光速」、重力理論で現れる物理定数である「万有引力定数」、そして量子力学の根本となる不確定性を特徴付ける定数の「プランク定数」、この三つの定数を組み合わせることで、長さの次元を持つ定数を作ることが可能です。この長さの定数は「プランク長」とよばれ、およそ10^{-35}mです。この長さは陽子の大きさより20桁も小さいもので、現在の実験装置では短すぎて到底測定できるものではありません。しかし、この長さは一般相対性理論の適用範囲の限界を示唆していると考えられ、この考えをもとに量子力学と両立できる重力に関する理論が模索されています。量子重力理論や超弦理論とよばれる理論がその候補ですが、どちらも未完のものであり、今後の研究がまたれています。

さて、超ミクロな世界に関する話題から、我々の宇宙に実在する天体の運動に話を戻しましょう。ニュートンの万有引力における「三体問題」の解は、我々の宇宙が一般相対性理論で記述されるのであれば、どうなってしまうのでしょうか。その問題を考えてみましょう。

一般相対性理論においては、加速運動する天体から重力波が放出されます。これは前章で述べたように加速運動する天体のまわりの時間空間の幾何構造が変動すると、それが波として伝わるためでした。そのため一般相対性理論では、天体の運動方程式だけを解いても、天体の運動を決定できません。天体が位置する時間空間の幾何を同時に決める必要があるからです。ニュートンの力学および万有引力理論では、物体のまわりの時間空間の幾何を求める必要はなかったのです。それはユークリッド幾何に従う空間だと暗黙のうちに仮定されていたからです。時間についても絶対時間のみが暗黙のうちに仮定されていました。

そのため一般相対性理論において天体の運動を決めるためには、アインシュタインの重力場に対する方程式を解かなければいけません。球対称な天体が1個だけ存在する場合なら、その時間空間の構造を決める方程式（＝アインシュタイン方程式）を簡単に解くことができます。しかし、2個以上の天体が存在する場合には、重力波が登場するためにもはや紙と鉛筆で解くことは極めて難しくなります。「一般相対性理論における『二体問題』に対する厳密解は得られない」という証明はいまのところ知られていませんが、その可能性はほとんどゼロでしょう。そのため、重力波天文学のための連星の研究の多くでは、スーパーコンピュータを使った高精度数値計算が用いられています。

太陽系のような弱い重力場では、そこで生成される重力波の影響は小さすぎるため、現在の観測装置では全く検出不可能です。重力波の振幅が小さく、そもそも波長が装置の検出可能範囲に比べて長すぎるのです。このため、すでに述べた通り、太陽系の観測に対してはＥＩＨ方程式を解けば、惑星の運動を観測的に論じるには十分の精度が得られます。

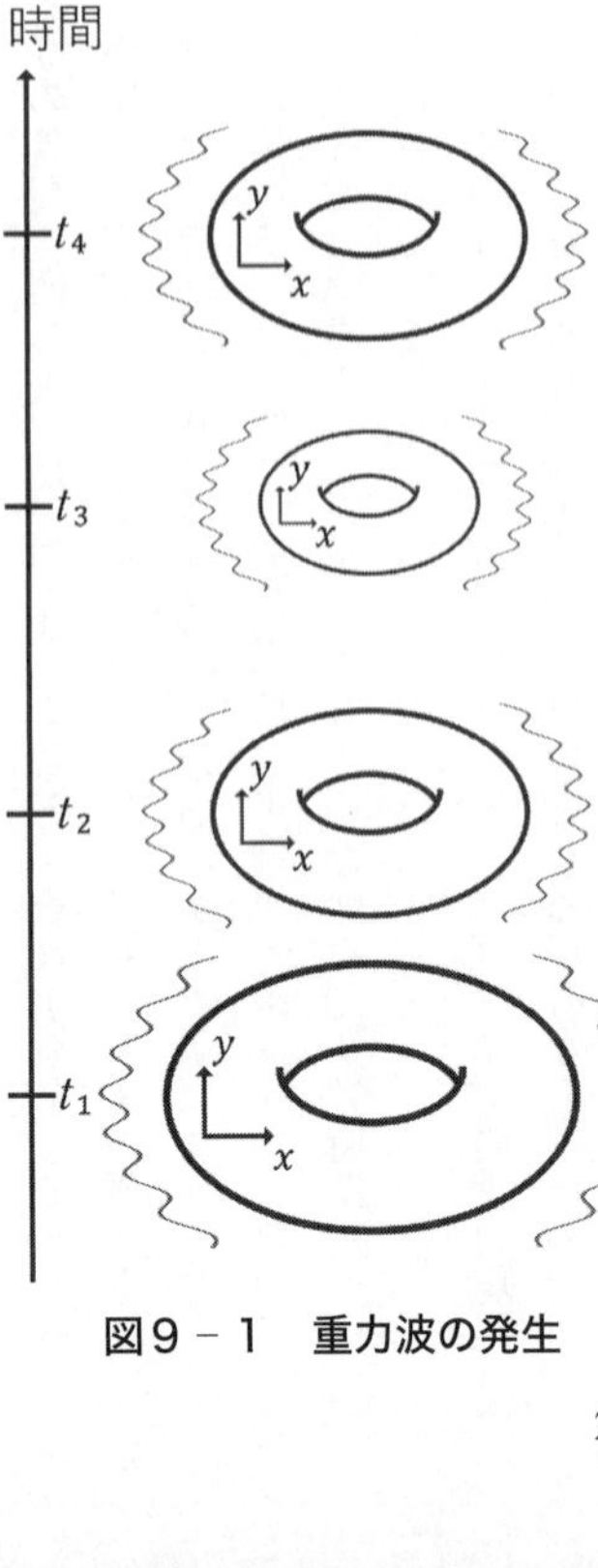

図９－１　重力波の発生

ＥＩＨ方程式は、一般相対性理論におけるポスト・ニュートン近似で得られる物体の運動方程式です。従って、一般相対性理論におけるポスト・ニュートン近似に対する「三体問題」を考えることは、数学のみならず、天文学的な応用の面でも価値があります。

9-2 EIH方程式に対する「三体問題」を解く

当時、大学院生だった山田慧生（現・京都大学理学研究科特定研究員）と筆者は、ニュートンの万有引力における「三体問題」の厳密解を、一般相対性理論におけるポスト・ニュートン近似の観点から再考することにしました。研究対象としては、4章で登場したオイラーの直線解とラグランジュの三角解を選びました。

その結果、以下のことが明らかになりました。まずはオイラーの直線解については、

EIH方程式は複雑な形の力の項を持つにもかかわらず、逆2乗則の場合と同様に3体が常に直線上に並んだままの解が存在する。ただし、与えられた天体の質量に対して、天体間の距離の比が従う代数方程式は、ニュートンの万有引力の場合の5次方程式から次数が2つ増えた7次方程式になる。

また、その7次方程式を詳細に分析した結果、万有引力の場合と同じく、その7次方程式の解のうち、ＥＩＨ方程式の成立範囲で物理的な解に対応する正の実数解はただ一つだけ存在することが分かりました。

一方、三角解では違う状況が起こりました。ここでＥＩＨ方程式は複雑な方程式なので直接積分して解くという手段は諦《あきら》めました。ラグランジュが万有引力に対してそうしたように、最初に正三角形の頂点に天体を配置して、運動方程式を満たす条件を探すという作戦を筆者らも採りました。すると不本意にも、我々の計算結果は三角解が存在しないことを示唆しました。より厳密な書き方をすれば、三つの天体の質量がすべて等しい場合のみ三角解が存在します。しかし、質量が異なる場合、その条件式が成り立たないため三角解は不可能だというのが結論でした。

この三角解の解析結果はとても不思議なことです。ニュートンの万有引力に対する運動方程式と一般相対性理論におけるＥＩＨ方程式は別物ですから、片方の方程式の解が、もう一方の解である必然性はありません。数学者がこの状況を見れば、何ら問題ないと思ったでしょう。むしろ直線解が両方の方程式の解であることのほうが、数学者にとっては不思議かもしれません。ただし、天体間の距離の比の値が両者において異なるので、同じ直線解が両方の運動方程式を同時に満足するわけではありません。

4章でも紹介したように、精密には一般相対性理論のほうに従う太陽系において、ラグランジュ点のところにトロヤ群という天体が見つかっています。そのためEIH方程式に対しては、少なくとも制限三体問題の解としてラグランジュ点が許されるような印象を、その研究の開始時点までは持っていました。

最初に「正三角形」の形を仮定したのが、条件として強すぎたのではないか。そこで「正三角形」の条件をゆるめて、その形への小さな補正を許して、もう一度EIH方程式の解が存在する条件を探してみました。その結果、任意の質量の三つの天体が共通重心のまわりを同じ周期で回り、同じ三角形の頂点にその天体が位置する解が存在することを証明できました。

ついにEIH方程式に対する「三体問題」の「三角解」を見出したのです。ただし、等質量の場合を除いて、その三角形は正三角形ではないのです。一般相対性理論の立場で解釈すれば、ラグランジュの正三角形は、一般相対性理論による補正を無視した場合の近似的な形状だったのです。さらに、重力波が3体系のエネルギーを運び去る効果を取り込むため、速度の5次の補正（「2・5次のポスト・ニュートン近似」とよばれま

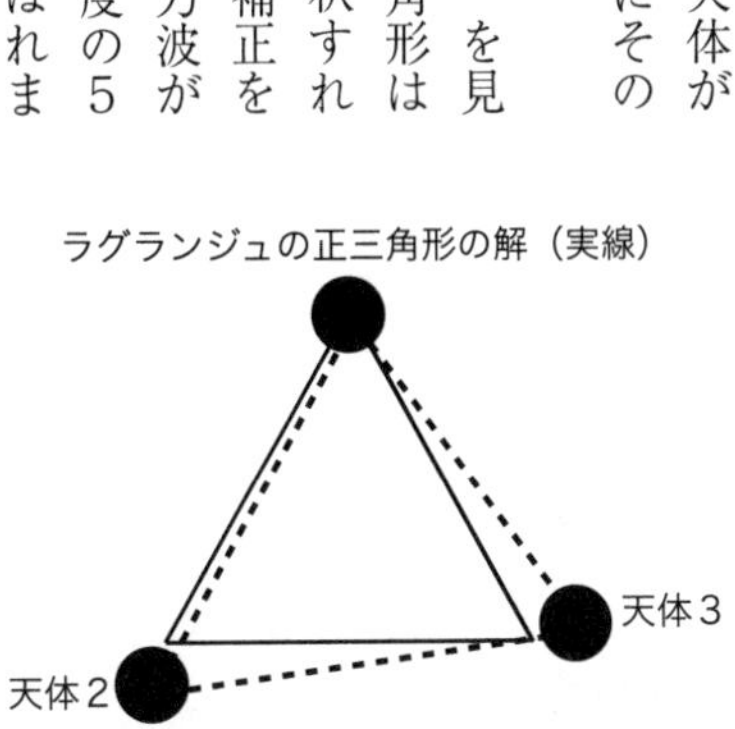

図9－2

す）を考慮した計算を、山田と筆者が行いました。その結果、重力波を放出してエネルギーを失いながら、その三角解は相似的に収縮することを発見しました。形状は徐々に小さくなるのですが、相似な三角形を保つのです。その後、この3体系が安定に存在できる質量の比の範囲を山田、筆者と当時早稲田大学の土屋拓也（現・八戸工業大学）との共同研究で明らかにしました。

9-3 8の字解は生き残れるか？

一般相対性理論におけるポスト・ニュートン近似に対する「二体問題」は、アインシュタインによって解かれています。そうです。あの水星の近日点移動に関する研究です（前章・図8-6参照）。

ニュートンの万有引力に対する「二体問題」の厳密解である楕円軌道は、EIH方程式の解ではありません。もはや一つの閉曲線ではなくなるのです。前章でも述べたようにポスト・ニュートン近似での引力の形は、ベルトランの定理の成立条件を満たしません。

では、ニュートンの万有引力のかわりに一般相対性理論を考えた場合、あの7章で見た「8の字解」はどうなるでしょうか。

「8の字解」は、一つの閉曲線の上を三つの天体が追いかけ合うという調和的なものです。しかし、一般相対性理論では楕円軌道の近日点が移動するように、もはや美しい「8の字」の形をした軌道は実現しないように思えます。一般相対性理論におけるポスト・ニュートン近似に対する「三体問題」の解として「8の字解」は存在するのか。読者の中には、前にも述べたモンゴメリとシェンシネの「8の字解」の存在定理を思い出す方がおられるかもしれません。彼らの存在定理を用いれば、一般相対性理論でも「8の字解」が存在することが明らかだと思われるかもしれません。しかし、その推論は正しくありません。なぜなら、その「8の字解」の存在定理を証明する過程で、彼らはニュートンの万有引力の性質を用いているからです。つまり、その存在定理は、逆2乗則に従う力にしか適用できないのです。前章にてＥＩＨ方程式を説明した通り、逆3乗の項、さらに速度に依存する力までもがＥＩＨ方程式に現れます。一般相対性理論におけるポスト・ニュートン近似に対する「三体問題」に対しては、モンゴメリとシェンシネの「8の字解」の存在証明は全くの無力なのです。

２００６年、弘前大学の大学院生だった今井辰徳、千葉貴将と筆者の三人はこの問題について調べました。

図9-3を見てください。これは、一般相対性理論におけるポスト・ニュートン近似の補正を含んだＥＩＨ方程式を数値的に解いたものです。はじめ「8の字」のような軌道だったものが、時間が経つにつれて、徐々にその軌道が崩壊していく様子を表しています。しかし、この計算結

果から「一般相対性理論のポスト・ニュートン近似における三体問題に対する『8の字解』は存在しない」と結論づけることは尚早です。なぜなら、この計算はニュートンの万有引力における「8の字解」を数値的に得るための初期条件から始めて、EIH方程式を数値的に時間に関して積分したものです。「ニュートンの万有引力における『8の字解』と同じ初期条件のままでは、EIH方程式に対する『8の字解』が得られない」というのが、先ほど紹介した数値計算結果および図の結論です。

それでは、EIH方程式に対しては適切な初期条件をどうやって見つければよいのでしょうか。平面上の三つの天体に対して、その初期時刻での位置と速度のすべてを一から探し出すのは大変です。そこで、初期条件を探す作業工程

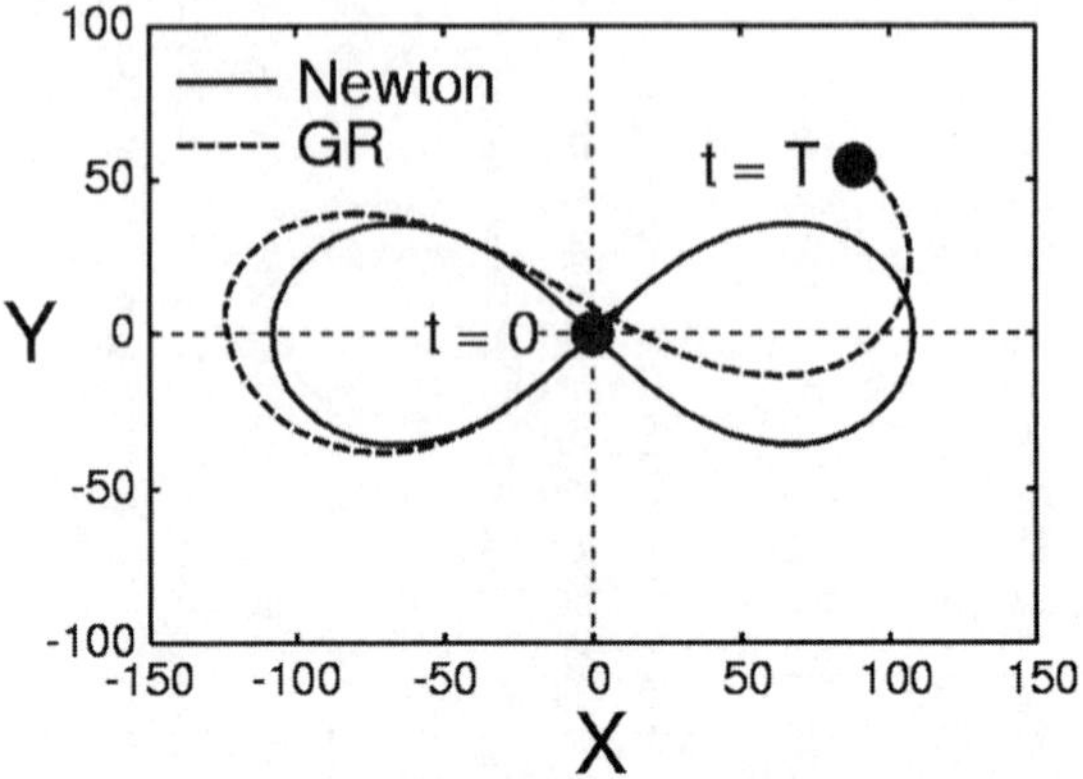

ニュートンの運動方程式：実線
EIH方程式：破線（始点に戻らない）

図9－3　8の字軌道が崩壊する？

を短縮させるために、我々はニュートンの万有引力における『8の字解』に対する初期条件を「タネ」にしました。これは1章で述べた逐次法と似ています。EIH方程式において補正項をすべて無視すれば、ニュートンの万有引力における運動方程式が得られます。これに対する「8の字解」の初期条件に対する微小な補正を考えます。我々は、その補正は2個の未知数で表現できることに気づきました。未知数の個数が2個くらいなら、数値計算で探索するのはそう大変ではありません。数値計算の結果、二つの数値が得られました。

EIH方程式に対する適切な初期条件のもとで、その運動方程式を計算した結果が図9－4です。

EIH方程式の複雑な形から、「8の字」という非常に調和のとれた形の軌道が許されるとは想像ができません。我々の結果があまりに非常識だったので、とくに一般相対性理論におけるポスト・ニュートン近似の専門家たちを驚かせました。そして、『サイエンス』誌は彼らのWeb版ニュースとして、筆者らの成果を速報したのでした。

2009年夏、筆者はマーセル・グロスマン会議という一般相対性理論および関連する重力理論・宇宙論に関する国際会議のためパリを訪問しました。せっかくの機会なので、日本出発前にパリ天体力学研究所のシェンシネさんにアポイントを取り、彼のオフィスを訪問しました。「一般相対性理論のポスト・ニュートン近似における、三体問題に対する『8の字解』は存在する」

ことを直接、彼に説明するためです。

ムーアの論文をモンゴメリとシェンシネが、彼らの論文の出版時点には知らなかったように、数学者は物理学の雑誌を定期的に読むことはありません。逆も成り立ちます。通常、彼らは物理に関する学会に参加することがありません。当然、筆者らのEIH方程式に対する8の字解のことをシェンシネさんは知りませんでした。

「そんなに複雑な形の方程式に対して『8の字』が存在するとは驚きだ」とシェンシネさんは仰《おっしゃ》いました。さらに続けて「速度を含むような力に対して、我々の存在証明（モンゴメリさんとの証明のこと）をどうやって拡張できるのか、いまは見当がつかない」とのコメントをくださいました。

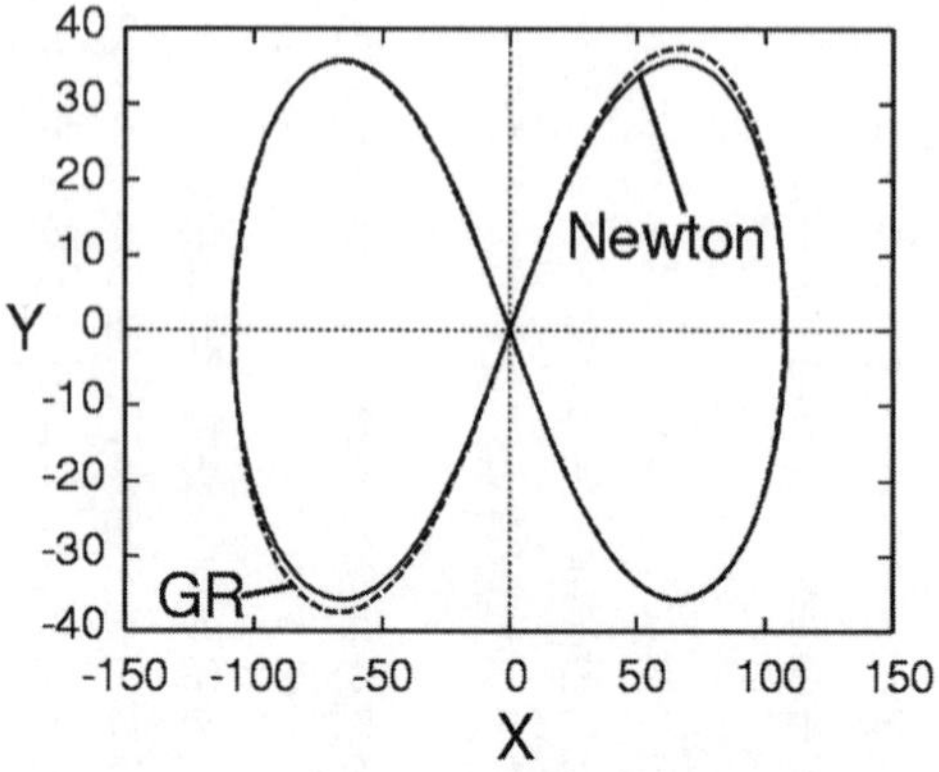

ニュートンの運動方程式：実線
EIH方程式：破線（同じ軌道のまま）
図9－4　8の字軌道が存続する

ニュートンの万有引力に対する「三体問題」でさえまだ解決していないのが現状です。その中で一般相対性理論におけるポスト・ニュートン近似（さらにその高次近似）に対する「三体問題」が、21世紀中に発展すると考えるのは筆者だけでしょうか。例えば、米国のロチェスター工科大学のカルロス・ロウストと中野寛之（現・龍谷大学）は、筆者らの計算を発展させ、ポスト・ニュートン近似の次の次数まで（2次のポスト・ニュートン近似とよぶ）の効果を取り入れた運動方程式を数値計算して、「8の字解」が存在可能であることを数値的に示しました。EIH方程式における力の項の何十倍もの項数がその天体の運動方程式に現れても、「8の字解」がしぶとく存在するのです。それが存在し続けることの背後には、何か理屈・理由があるのではないかと筆者は感じています。しかし、現在までのところ、その理由は明らかになっていません。

9-4　8の字軌道の天体からの重力波

ここまでの話は、EIH方程式に対する天体の運動という視点から「8の字解」を眺め直した研究を紹介しました。次に、一般相対性理論固有の現象である「重力波」の視点から「8の字解」を眺めましょう。

より精密な議論にはスーパーコンピュータを用いた計算が必要になりますが、ここでは、簡単のためニュートンの万有引力における「8の字解」に話を戻します。

この8の字軌道の運動をする天体からは重力波が放出されるはずです。ポスト・ニュートン近似における「8の字解」を計算したのと同じメンバーで、この重力波を求めました。図9－5がその波形です。

図9－6には二つの波形がありますが、それらの図を比較すると、連星からの重力波の波形（破線）は比較的シンプルな形で、波が山と谷を繰り返すだけです。この波形は、時間と共に重力波によりエネルギーを奪い去られるため、連星軌道が徐々に収縮し、重力波の振幅が増大し、波の周期は減少していきます。一方、8の字解における重力波（実線）はもっと複雑な波形をしています。山が一つのピークではなく、火山の火口のようなくぼみが波のピークの所に見受けられます。

このような波形をもとにすれば、重力波天文学の観測にお

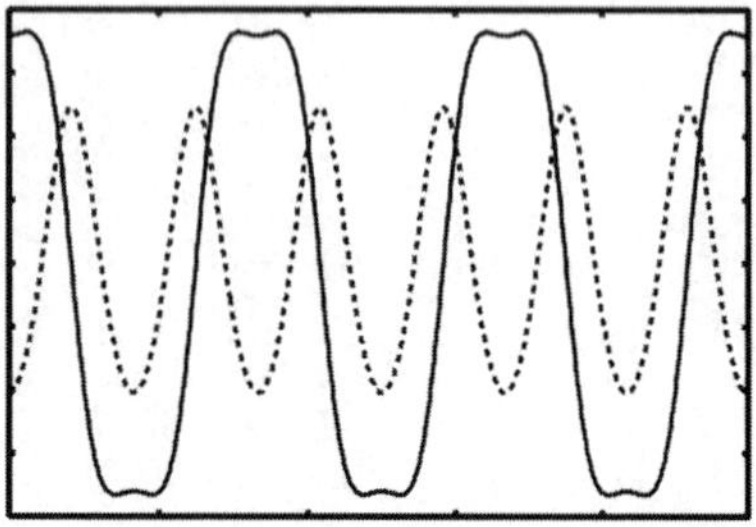

2種類の重力波の状態（偏波）：実線と破線

図9－5　8の字軌道からの重力波

いて、実際に検出された重力波の波形から源の天体がどういう運動をしているのか、その運動状態の情報を抽出できることが期待されています。

9-5　非常に強力な重力場での三連星は見つかるのか

この章では、一般相対性理論におけるポスト・ニュートン近似に対して「三体問題」を考えて、その問題に対する解を探す話をしてきました。実際の重力波天文学においては、これまでのところ検出された重力波はすべて2個の天体からなる連星によるものです。さらに、この連星はブラックホールもしくは中性子星から構成されるものばかりです。なぜこうしたコンパクトな天体ばかりが、現在の重力波天文学と関係するのかを説明します。

現在活躍している重力波望遠鏡は、米国のＬＩＧＯ、欧州

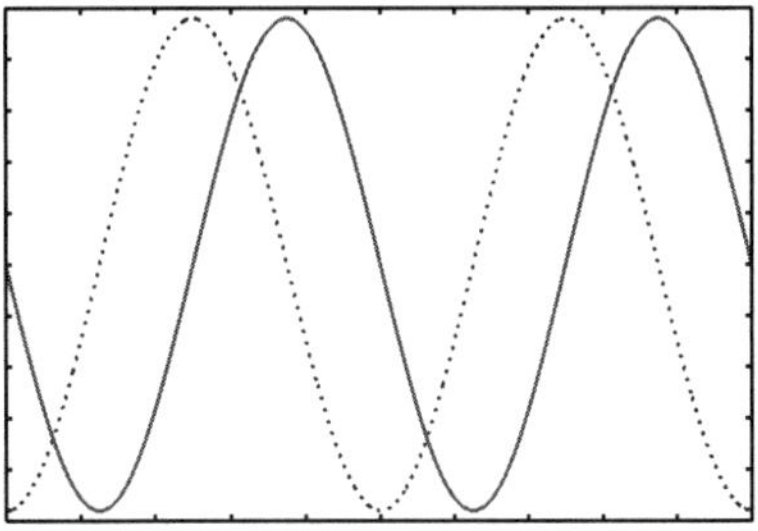

２種類の重力波の状態（偏波）：実線と点線

図９－６　円軌道からの重力波

のＶｉｒｇｏ《ビルゴ》、日本のＫＡＧＲＡ《カグラ》です。さらに米国のＬＩＧＯの複製が米国の協力のもとインドに建設される計画があります。これらの装置で検出される重力波の振動数は10～１０００ヘルツ付近です。この波長帯域の重力波は、太陽質量の数十倍のブラックホールもしくは中性子星のようなコンパクトな天体からしか放出されません。太陽のように数十万kmもの半径がある天体からは、はるかに小さい振動数で、もっと微弱な重力波しか放出されず、これらの検出器の観測可能範囲の完全に外にあるのです。従って、現在の重力波望遠鏡を用いて観測できるコンパクトな天体が合体近くまで接近した状況では、その近くに３番目の天体が存続できる見込みはありそうにないです。

　ただし、将来の重力波望遠鏡として宇宙望遠鏡が考えられています。重力波は物質をすり抜けるため、光学望遠鏡のように観測のさいに大気による影響は存在しません。それなら、地上の重力波望遠鏡のままでもよさそうです。しかし、地上では重力波望遠鏡の大きさが地球の大きさから来る制約を受けます。しかし、宇宙空間でなら重力波望遠鏡の巨大化が可能です。欧州宇宙機関が２０３４年打ち上げを計画している重力波望遠鏡専用衛星ＬＩＳＡは１辺の長さが２５０万kmの正三角形を成すような形で衛星３機を編隊飛行させて、それらを太陽と地球のラグランジュ点L_5近辺に配置することを検討中です。

　我が国でも、ＬＩＳＡのものより短い、１辺が約１０００kmの正三角形で３機の衛星を編隊飛行させて重力波の観測をする衛星計画DECIGOが名古屋大学の川村静児教授らによって検討中です。

これらの人工衛星を用いた重力波望遠鏡で観測できる重力波の波長は、地上型の重力波望遠鏡で検出できる波長よりずっと長いものです。重力波望遠鏡が観測する重力波は、例えば銀河中心の超巨大ブラックホールを回る天体から放出される重力波などです。銀河中心では天体で混み合っているため、この重力波を綺麗な二体問題としては取り扱えないでしょう。まわりにある他の天体の重力も受けながら、超巨大ブラックホールのまわりを回る天体の軌道と放出される重力波を計算しなければいけません。こういった研究では、一般相対性理論における「三体問題」や「N体問題」で得られた知見が役に立つことが期待されています。

一つの例が「古在機構」です。1962年、東京天文台（のちの国立天文台）の古在由秀（元・国際天文学連合会長、元・国立天文台台長）が小惑星の軌道計算において、急に軌道変化する現象を見出しました。この現象は、のちに「古在機構」（あるいは「古在効果」、「古在共鳴」）とよばれます。この古在機構がブラックホールまわりの天体軌道の変動においても重要な役割を果たすことが認識され、重力波天文学の研究の中で再び注目されています。

それでは、一般相対性理論における「三体問題」は、重力波天文学以外の通常の天文学には貢献しないのでしょうか。

9-6 PSR J0337+1715

2014年、3つの天体のうち一つがパルサーである系が発見されました。そのパルサーは、PSR J0337+1715と命名されました。ちなみに、残りの二つの天体はどちらも恒星です。

この3体系は重力理論の研究において重要な役割を果たす可能性があります。この3体系についてEIH方程式を数値的に解くことで、その軌道の予測をします。その予想したものが将来の観測データと一致すれば、それは一般相対性理論の新たな検証となるのです。ポイントは、EIH方程式における質量の三重積 $M_1 M_2 M_3$（8章参照）の存在です。この項は、一般相対性理論とは異なる重力理論では違う係数の値を持つ可能性があるのです。とくに天体自身の重力が強い中性子星と重力の弱い恒星の場合、違いが顕著になる可能性が米国の一般相対性理論の研究者ケネス・ノルトヴェトにより1970年代に提案されています。これはノルトヴェト効果とよばれています。しかし、これまでの天文観測でこの三重積の効果を検証したものはありません。一般相対性理論の予言がニュートンの万有引力からのものからずれる話、例えばエディントンの日食観測や水星の近日点異常では、この質量三重積のテストは行えません。前者の場合は、太陽の重力場だけで光の曲がり具合が決まり、後者の場合では二体問題としての軌道しか測定できません。先ほども登場した山田慧生と筆者は、一般相対性理論におけるポスト・ニュートン近似を用いた、太陽系でのラグランジュ点がニュートンの万有引力での位置からどれだけずれているかという評価を行ったことがあります。その結果によれば、質量三重積の効果は小さすぎることが分かりました。太陽系における天体観測を用いて、この三重積の効果を検出することは現在の観測技術では難しいという結論になりました。従って、近い将来PSR J0337+1715という強い重力を持つ天体を含む3体系の観測から、この質量三重積に関する新しい一般相対性理論のテストが行われることが期待されます。

10章 天体の軌道を精密に測る

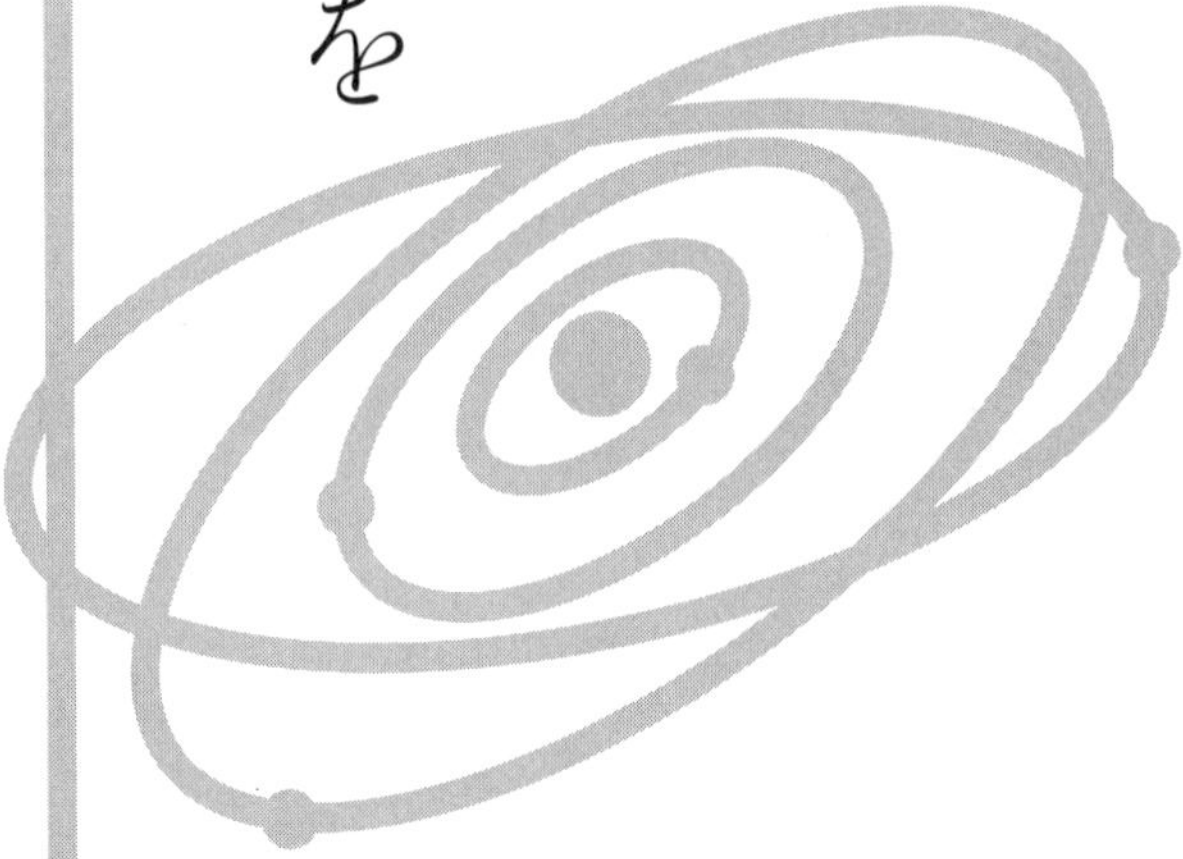

10−1　天体の軌道を観測する

これまで見てきたように、ニュートンの万有引力理論がケプラーの惑星運動の諸法則を説明することに成功した時点で、万有引力に対する「二体問題」は解決しました。当初のニュートンによる計算は、惑星の質量が十分小さいことを用いて太陽の位置が固定されると仮定した近似計算でした。その後に、この「二体問題」を完全に解決したのがスイス人数学者のヨハン・ベルヌーイです。1710年のことです。その後、多くの人たちが「三体問題」やそれ以上の個数の天体に対するN体問題に取り組みました。さらに4章にて、ラグランジュの解に関して説明したところで、トロヤ群とよばれる小天体の集団の発見の話を紹介しました。

このように「三体問題」の解を見つける、あるいはそもそも解が存在するのか？　という取り組みは、現在まで続いています。

このように「多体問題」の解が表す「軌道の形状の分類」は、天文学に端緒をなすものですが、同時に非常に数学的な課題でもあります。実際、この研究分野では、数学者や理論物理学者とよばれる人たちが活躍しています。数学的に求められた軌道と実際の天体の軌道を比較することは大変面白いことです。この章では、天体の軌道を観測によって求めようとする天文学者らの活躍に触れたいと思います。

10-2　位置天文学

読者の中にはすでに知っている方もいらっしゃるかもしれませんが、天文学の分野に「位置天文学」というものが存在します。これは、天体の位置について研究する分野です。英語名の「positional astronomy」の逐語訳です。しかし、この英語名はやや古めかしく、現在は「astrometry」という単語を用いて表すほうが一般的です。これは「位置天文学」が発展するとともに、天体の観測時刻での位置を研究するだけでなく、その天体の運動についても議論するようになり、「位置天文学」（positional astronomy）という名称では、研究内容の全容を表現するには不足感が否めなくなったためです。これに伴い日本の天文学者の間でも、この研究分野を「アストロメトリ」とカタカナ表記することが多くなりました。

天体の位置を記録として残す作業は古代まで遡ることができます。例えば、地中海を航海するさいやサハラ砂漠を移動するさいに進路を知るには、明るい星の位置が役に立つからです。位置天文学の始祖は、現代も用いられている46星座を決定するなどした古代ギリシアの天文学者ヒッパルコスだといわれています。彼はおとめ座でもっとも明るい恒星スピカの位置を測定することで、春分点および秋分点の歳差を発見したことでも知られています。この発見は、地球の自転運動が歳差していることの証拠になります。歳差とは、自転している物体の回転軸自体が、円を描くようにずれる現象のことです。その後、16世紀になりブラーエが惑星の位置の精密観測を継続的に行い、その観測データからケプラーが惑星運行の諸法則を発見したことは3章で述べた通りです。

これらの観測において、天体の位置と表現したものは、天空における天体の位置のことであり、我々から見た方向のことです。この場合、地球から天体までの距離はさしていません。

天体が見えていれば、その方向は測定可能です。一方、たいていの天体観測において、その天体までの距離を測ることは困難です。天体までは我々の物差しが届かないからです。もし星からの光が地球に届くまでの所要時間が分かっていれば、「光速×光の所要時間」によって、その星までの距離を算出できます。しかし、地球にその光が届いた時刻が分かっても、その光が星を一体いつ出発したのかは不明です。このため、多くの天体観測では、その天体の方向しか測れません。しかし、地球が太陽のまわりを公転運動しているため、季節によってその星の見える方向が違っています。この見える方向の違いを「視差」とよびます（図10－1）。従って、三角測量の方法を用いることで、視差を精密に測定することから、その星までの距離を算出できます。

望遠鏡の作製技術が進歩した結果、19世紀初め、ドイツの天文学者フリードリッヒ・ベッセルによって、恒星の視差の測定が初めて成功しました。その恒星はくちょう座61番星とよばれています。その視差は0・3秒角でした。これは、地球からその天体までの距離が約11光年であることを意味します。ここで、光年とは、光が1年かけて進む距離のことです。その後、19世紀末までにおよそ60個の恒星までの距離が視差によって測定されました。

太陽系から最も近い恒星はケンタウルス座アルファ星です。その星は4・3光年の距離にあります。視差は0・7秒角です。この角度より精度が劣っていた大昔の望遠鏡では、この視差を検出することは不可能だったのです。

20世紀に入ると、大型の鏡が作製できるようになり望遠鏡が大型化します。さらに20世紀後半には、ＣＣＤのようなハイテク機器が天文観測にも導入されるようになります。しかし、観測装置が大型化して光をたくさん集める能力が向上したり、写真乾板よりも微弱な光を検出可能なＣＣＤを用いたりしても、地上の望遠

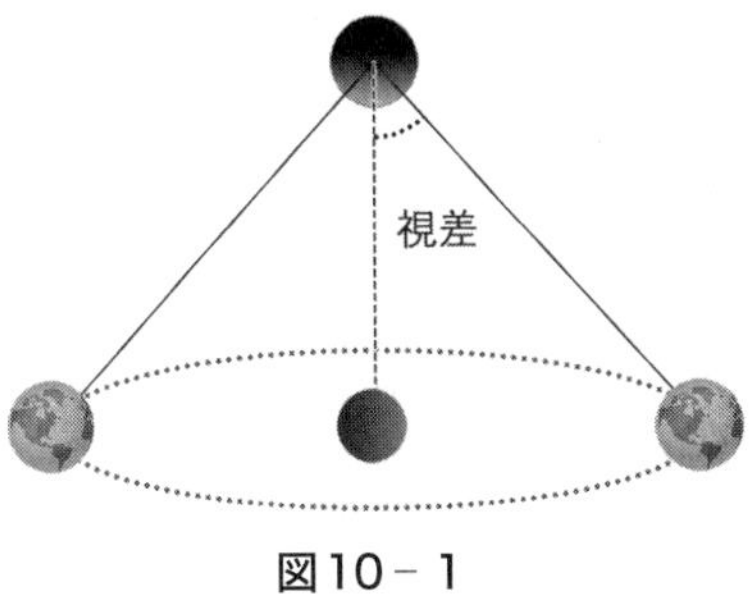

図10－1

鏡を用いた天体の方向の決定精度には限界があるのです。

地球は大気に覆われています。空気には水蒸気が含まれています。この水蒸気が光の散乱を起こし、その光の散乱が、天体の方向を精密に測定することを大きく妨げます。こうした問題を避けるには、空気が存在しない宇宙空間から天体観測することが理想的です。

１９８９年、欧州宇宙機関（ＥＳＡ）は、アストロメトリ専用の宇宙望遠鏡を打ち上げました。古代ギリシアの天文学者にちなんで、その望遠鏡はヒッパルコスと名付けられました。ヒッパルコス衛星は、１９８９年から１９９３年までの４年間で11万８２１８個もの恒星の位置、歳差などを測定しました。太陽系からの方向だけでなく、歳差を用いた天体までの距離測定も行うことによって、太陽系近くの恒星の３次元地図が正確に作成されました。

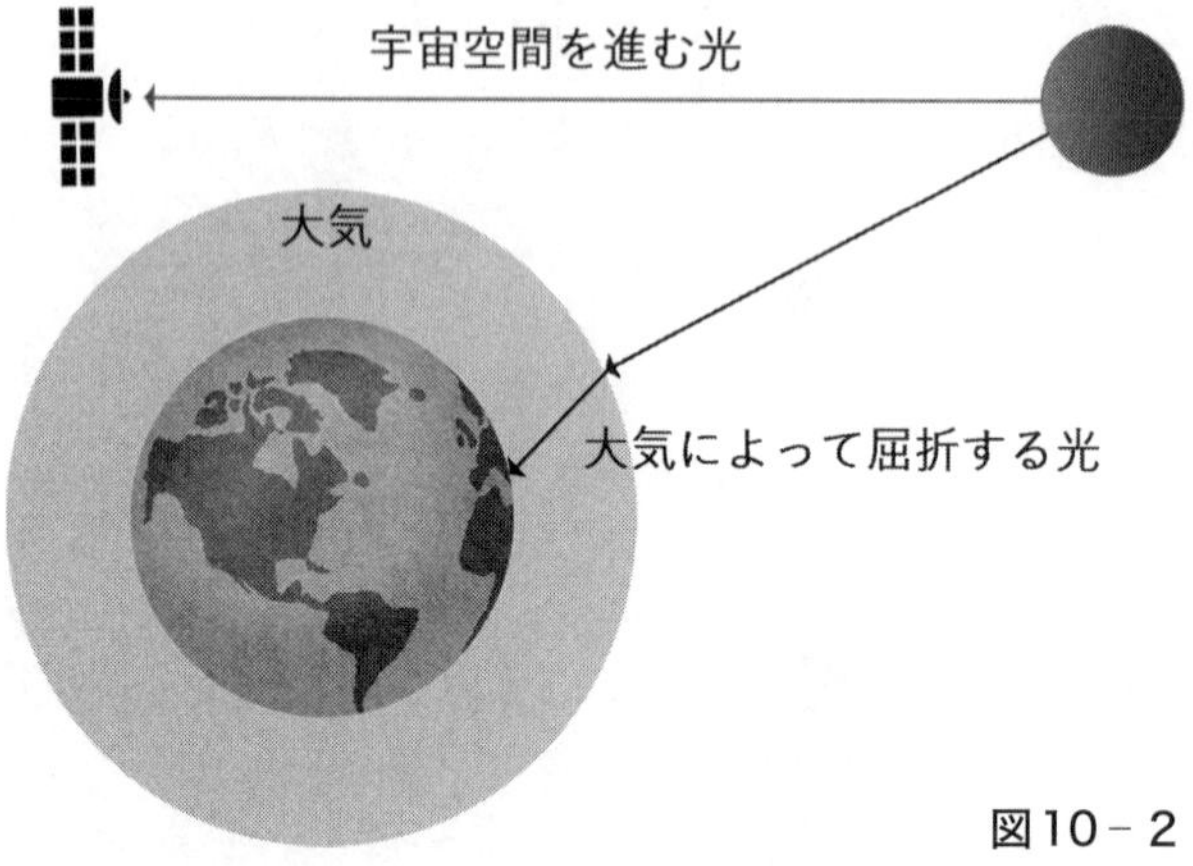

図10－2

このヒッパルコス衛星を用いた位置決定精度は、0・001秒角程度です。19世紀初頭の観測精度と比べると驚くべき進歩です。

明るい恒星の場合、たくさん光が集まるので、その恒星からの光の中心位置が精度よく決まります。一方、暗い恒星の場合は、届く光が少ないので、その恒星からの光の中心位置がぼやけて精度よく決まらないのです。太陽と地球の間の平均距離は「1天文単位」と定義されます。1天文単位は約1億5000万kmです。この地球の公転半径を基線として測る視差（同一の静止している天体が見える方向の差）を「年周視差」とよびます。年周視差がちょうど1秒角となる天体までの距離を「パーセク」とよび、天文学における距離の重要な単位の役割を果たします。

図10－3

ヒッパルコス衛星を用いた位置決定精度はおよそ0・001秒角であり、10パーセントの精度でその距離を測れる天体は、地球から約100パーセクまでの距離にある恒星にすぎません。10パーセントの精度とは、その測定誤差が±10パーセントの範囲にあるという意味です。太陽系が銀河系の中心から約10キロパーセク、つまり1万パーセクの位置にあるので、ヒッパルコス衛星で距離を精密に測定できた星々は、実は太陽系のほんの近傍にすぎないことを理解していただけると思います。

現在の天文学において重要な研究テーマである、銀河系のダイナミクス、そしてダークマターとよばれる未知の物質を探るためには、銀河系全体の星々の位置を精密に測定することが重要なのです。これらの目的のために、ヒッパルコス衛星をもっと高性能化したアストロメトリ専用の宇宙望遠鏡が必要です。

我々から見て銀河系中心のすぐ背後が、約10キロパーセク離れた場所にあるとしましょう。この数字は仮定です。そこにある星々までの距離を10パーセントの精度で測定するためには、少なくとも0・00001秒角程度の位置決定精度が必要とされます。これは、ヒッパルコス衛星の位置決定精度の約0・001秒角と比べて2桁も小さいです。そのためには、大規模な技術革新と基礎研究費がかかります。そのため、ヒッパルコス衛星の次の衛星観測が行われるまでに、およそ20年の歳月が流れました。

10-3　恒星の位置を精密に測るハイテク天文衛星

米国でもアストロメトリ専用の宇宙望遠鏡が検討された時期がありましたが、結局、ヒッパルコス衛星の後継となる専用衛星は、2013年に再び欧州宇宙機関が打ち上げました。それがガイア衛星です。その衛星は２０２２年までの運用がすでに承認されていて、さらに２０２５年末までの運用延長を検討中です。この衛星による観測では、すでに10億個以上もの恒星が観測されています。極めて明るい恒星に対しては、その天体の方向の測定精度は約０・０００００７秒角です。そして、我々の銀河中心近くの恒星までの距離を10パーセントの精度で測定できるように設計されています。これだけの高精度で天体の位置を測定できるため、重力場中の光の曲がりの測定から、一般相対性理論のテストにも貢献することが期待されています。

我が国においては、国立天文台の郷田直輝教授らのグループを中心に国内初のアストロメトリ専用の宇宙望遠鏡の計画が検討されています。２０１９年5月、小型ジャスミン衛星が、ＪＡＸＡ宇宙科学研究所により公募型小型計画3号機に選定されました。その後、「小型」の名称は衛星のサイズだけでなく、得られる科学的研究成果までもが小さいかのような印象を与えかねないという懸念から、その「小型」の単語を外した「ジャスミン衛星」への名称変更が検討されているそうです。この衛星の特徴は、可視光域の光学望遠鏡を搭載したヒッパルコス衛星やガイア衛星とは異なり、赤外線波長で観測する点です。

これまでの観測から、銀河の中心領域には大量の塵が存在することが知られています。この塵は可視光の吸収や散乱を引き起こすため、銀河の中心領域に対して、可視光望遠鏡による精密観測は困難です。このジャスミン衛星が銀河中心領域の多くの星の位置や歳差を精密に測定することが期待されます。

10－4　銀河中心の巨大ブラックホール

我々の銀河系の中心付近には、「いて座A*《エースター》」とよばれる強い電波を発するコンパクトな領域があります。その中心には超巨大ブラックホールが存在すると考えられています。

2002年、ドイツのライナー・シェーデルらがいて座A*近くの恒星S2を約10年間観測し続けた結果、いて座A*の質量が非常に大きいものであることを証明しました。このいて座A*のまわりを恒星S2がケプラーの法則に従う運動をすることを見出し、その運動の観測データに対して、ケプラーの第3法則を用いることで、その中心天体の質量を推定することに彼らが成功したのです。

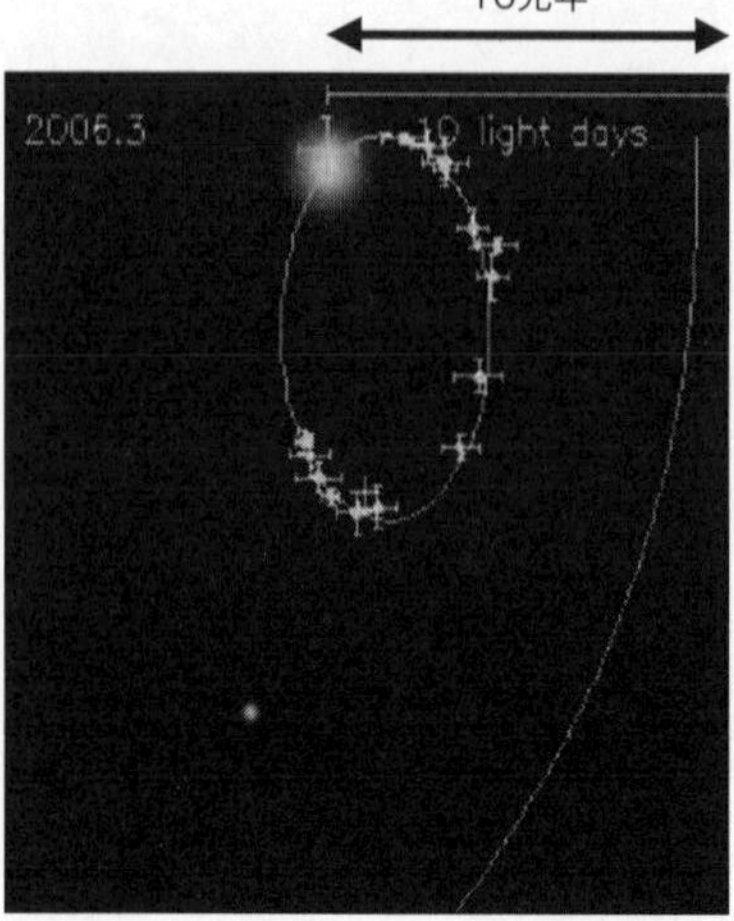

（ヨーロッパ南天文台提供）

図10－4　銀河系中心まわりで観測されたS2の軌道運動

２０２０年のノーベル物理学賞受賞者３名のうちの２名、ドイツのマックス・プランク地球外物理学研究所のラインハルト・ゲンツェルと米国・カリフォルニア大学のアンドレア・ゲッズは、S2観測を通していて座A*の質量測定をした二つの観測チームのリーダーです。

この受賞からも分かるように、天体力学の知見は現代天文学の発展に大きく寄与しています。

10-5　太陽系以外の多重惑星を持つ恒星たち

１９９５年、主系列星のまわりを回る惑星が史上初めて発見されました。それは太陽系から約50光年離れたペガスス座51番星のまわりをわずか４日で公転する巨大ガス惑星でした。

この発見法の原理は、「二体問題」の解の性質に基づくものです。

恒星と惑星の２体系を考えましょう。惑星が恒星のまわりを回るとき、惑星に比べてはるかに重い恒星も動きます。ニュートンの運動に関する第３法則のためです。その恒星は、二つの天体の共通重心を一つの焦点とする楕円の上を運動します。これは3章で説明したとおりです。

この恒星の運動を地球から眺めると、その恒星は地球に対して近づいたり遠ざかったりと周期的な運動をしています。観測者に対して遠ざかる光源からの光は波長が長くなります。逆に、観測者に近づく光源からの光の波長は短くなります。この効果を「ドップラー効果」とよびます。

ペガスス座51番星に関して、この周期的に変動するドップラー効果が測定されたのです。

このドップラー効果から太陽系外の恒星における惑星の存在が初めて明らかになりました。この最初の太陽系外惑星を発見したスイスの天文学者ミシェル・マイヨールと当時大学院生だったディディエ・ケローは、２０１９年にノーベル物理学賞を受賞しています。

系外惑星の発見には別のアプローチも存在します。

２００６年、欧州宇宙機関は太陽系外惑星の観測を目的とした宇宙望遠鏡コローを打ち上げました。さらに２００９年、ＮＡＳＡが宇宙望遠鏡ケプラーを打ち上げました。コロー衛星は地球周回軌道に投入されましたが、ケプラー衛星は太陽周回軌道に投入されました。

これらの衛星を用いた太陽系外惑星の検出原理は、マイヨールらのドップラー効果を用いた方法ではありません。

恒星は大きさを持ちます。その恒星の前を惑星が通過する間、その惑星の部分だけ恒星からの光が遮られます。この結果、惑星が通

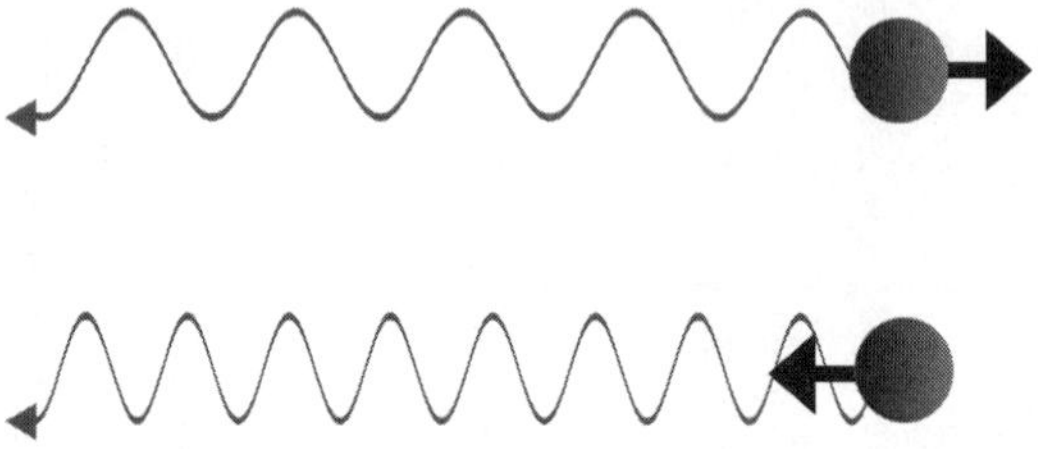

図10－5　ドップラー効果

過する間、恒星が見かけ上暗くなります。このわずかな減光現象の観測から、太陽系外惑星の存在が分かるのです。太陽系で起こる天文現象の「食《しょく》」と同じ原理です。

この方法の利点は、恒星がどのくらい暗くなるかで、その恒星の前を通過する惑星の大きさを推定できることです。遠方の天体、とくに惑星は小さいため、現在のどんな望遠鏡を用いても、その惑星は点源にしか見えず、半径を直接測ることは不可能です。惑星の質量と大きさが分かれば、質量密度が求まるので、ガス惑星なのか岩石惑星なのか判断できます。

実際の観測では、同じ恒星の明るさを何度も測定します。こうして、ある恒星が暗くなり始める時刻、そして元の明るさに戻る時刻などを測定できます。さらに、減光するときの時間変化の様子から、惑星の軌道についての情報までもが得られます。つまり、地球か

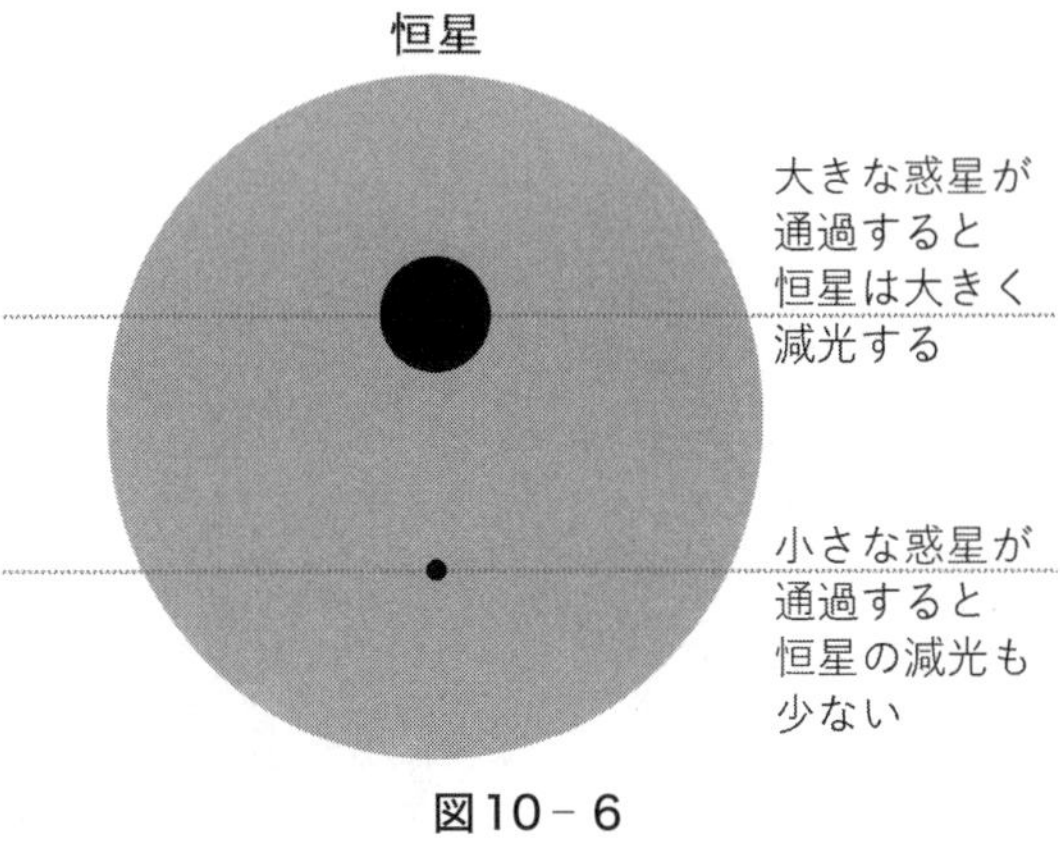
恒星
大きな惑星が通過すると恒星は大きく減光する
小さな惑星が通過すると恒星の減光も少ない

図10－6

ら見て、その惑星の軌道面が何度傾いているか推定できるのです。ただし、この太陽系外惑星の探査法では、惑星が恒星と我々の間を横切る必要があり、検出される惑星軌道面が我々の視線方向にほぼ沿ったものに限られます。

この食を用いた太陽系外惑星の観測においても、天体力学の知識が役立ちます。恒星まわりの惑星が1個だけの場合は、ケプラー軌道を用いてその惑星運動を記述できます。しかし、複数の惑星が存在する場合は、「三体問題」かそれ以上となり、精密な軌道計算が要求されます。この場合には、2度目、3度目の食が起こるタイミングのずれなどから、2個目、3個目などの惑星を推定することが可能となります。

このように多体問題は古くから、さまざまな数学者、天文学者、物理学者が取り組んできた問題であるとともに、現在もまた研究が発展し続けているものなのです。ブラーエ、ケプラーらの天体観測、ニュートンの万有引力に関する法則の発見、そしてアインシュタインの一般相対性理論。

「多体問題」が時代とともに、新たなる難問を生み出しながら、天文学、数学、物理学の発展に寄与しています。

21世紀の天文学では、さまざまな観測技術の向上および新発見がもたらされると思いますが、同時に、本書で述べたような数理的なアプローチからの自然科学の発展も期待されます。

あとがき

筆者が理学部学生だったときに講談社のブルーバックスを楽しく読み漁《あさ》った人間として、今こうしてその1冊を自分で執筆できることにとても感激しています。

本文でほのめかした通り、大学に入学したての頃の筆者も方程式とは解けるもの、大学でも方程式の解き方を学ぶのだと思い込んでいました。もちろん「三体問題」なんて知りませんでした。

大学生になって数ヵ月した頃にはカオスのことなどを知り、方程式が解ける、解けないことの面白さが分かるようになってきました。実際、筆者は一般相対性理論における三体問題に関する研究も行いました。ただし、研究者として、解けないかもしれない問題ばかり追っかけるのはリスクが高いですから、小心な筆者は解ける問題も扱うようにしています。筆者のような二流の研究者は、ガロアみたいに解けない問題だけを追究するわけにはいかないのです。本文で述べた通り、三体問題にとって数学と天文学は両輪のようなものです。両分野における天才たちの苦闘の歴史が読者に少しでも伝わったならば、筆者にとって望外の喜びです。

ペスト禍で疎開中のニュートンが万有引力の着想を得たエピソードを本文中で紹介しました。本書を執筆している現在、コロナ禍で世界中の人たちが不自由な暮らしを強《し》いられています。数世紀後にも輝くようなアイデア・研究成果に到達する人が、今まさに世界の何処かから現れることを私個人としては期待してしまいます。ついでに、新しい閃きが自分にも訪れないかなあ、とセコい筆者も夢見ています。

ところで、学生時代にあれほど作文が苦手だった筆者がブルーバックスを上梓することになるとは、想像さえできなかったことです。小学生の頃から、作文や読書感想文の授業が大の苦手で、同級生たちがさらさらと書いて提出する後ろ姿を羨ましく眺めながら、白い原稿用紙を前にしてため息をついていたのですから。小学校の夏休みの宿題では、最終日まで机の上に居座り続けたのが課題図書の読書感想文でした。今回、講談社の家中信幸さんから「三体問題」という内容での執筆依頼が私のところにあったとき、新書版1冊という大分量のため、執筆を引き受ける自信がなく躊躇《ちゅうちょ》しました。悩んだ挙げ句、筆者は妻に執筆に関して相談していたところ、思いがけず、傍《そば》にいた小2（当時）の娘が「パパ、引き受けなさいよー」と言ったのです。身内贔屓《びいき》で、娘が私の文学的才能を見出したわけでは決してありません。娘が友達の家や従兄弟《いとこ》の家で任天堂のswitchなるゲーム機で楽しく遊んだらしく、「その本が売れたら、パパがお金をもらえるから、そのお金で『スイッチ』を買ってね」とおねだり。「サンタさんには、もう頼んだけど、クリスマスまで待てないから、早く本を書いて、そのお金でパパが買ってちょうだい！」と詳しく説明してくれました。夏休みの間に、こっそり両親に内緒でプレゼントの希望の品を「サンタさんへのお手紙」で書いていたらしい。「いまは8月だよ。本を書くには数ヵ月はかかるから、執筆が終わる前に今年のクリスマスが来てしまうよ。出版は来年になるだろうから、サンタさんにお願いしたほうが得だよ」と内心私が思っていると、傍にいた妻が「それいいわねー」と娘の提案に賛同する発言をしました。あっという間に賛成2票。家族会議の結果、執筆をお引き受けすることになりました。

「パパ、本書いてる？」と、まるで出版社の編集の人のように娘がしばしば尋ねてきました。なぜそんなに頑張って私にプレッシャーをかけたかといえば、もちろん、早く本が出版されれば、それだけ早くゲーム機を買ってもらえると娘が固く信じていたからです。学会開催の準備等でいろいろ筆者が忙しくなり、執筆の大部分が遅れてしまいました。結局、娘はその年のクリスマスプレゼントを「じじちゃん、ばばちゃんのサンタさん」にお願いしました。娘の言い分は、「サンタさんは複数いて、両親ルートで依頼するサンタさんと祖父母ルートで依頼するサンタさんは別人なので、複数のクリスマスプレゼントをお願いしてもいい」という、子どもにとって都合の良いものです。クリスマスプレゼントに間に合わないと分かっても、家で筆者がパソコン作業をしているときに、娘が協力的だったことにはとても助かりました。週末や夜間という家庭での時間を使って執筆をこうして続けてこられたのも、妻と娘のお陰です。とても感謝しています。実は、本書のイラストのいくつかを娘が描いてくれました。

原稿へのコメントをくださった郷田直輝さん、葛西真寿さん、藤原俊朗さん、山田慧生さんに感謝いたします。

また、筆不精だった筆者に三体問題に関する執筆の提案をしてくださった講談社ブルーバックス編集部の家中さんに大変感謝しております。筆者の心が折れそうなときに、度々、家中さんが励ましてくださいました。お陰様で、脱稿することが遂にできました。激励にもかかわらず、家中さんがこの執筆の担当編集者である間に書き上げられなかったことを大変申し訳なく思います。そして、家中さんの後を引き継いでくださった編集担当者の柴崎淑郎さん。柴崎さんは大変褒め上手で、私のやる気を最後まで継続させてくださいました。このような優秀で心優しき編集者の方々のお陰で、出版できることを心より感謝申し上げます。

【ま行】

【や行】

【ら行】

【わ行】

【は行】

【た行】

【な行】

【か行】

さくいん

N.D.C.443　258p　18cm

ブルーバックス　B-2167

三体問題《さんたいもんだい》
天才たちを悩ませた400年の未解決問題

2021年 3 月20日　第 1 刷発行
2021年10月 7 日　第 3 刷発行

著者　浅田秀樹《あさだひでき》
発行者　鈴木章一
発行所　株式会社講談社
〒112-8001 東京都文京区音羽2-12-21
電話　出版　03-5395-3524
販売　03-5395-4415
業務　03-5395-3615
印刷所　（本文印刷）豊国印刷株式会社
（カバー表紙印刷）信毎書籍印刷株式会社
製本所　株式会社国宝社

定価はカバーに表示してあります。

ISBN978-4-06-522844-9

発刊のことば

科学をあなたのポケットに

二十世紀最大の特色は、それが科学時代であるということです。科学は日に日に進歩を続け、止まるところを知りません。ひと昔前の夢物語もどんどん現実化しており、今やわれわれの生活のすべてが、科学によってゆり動かされているといっても過言ではないでしょう。

そのような背景を考えれば、学者や学生はもちろん、産業人も、セールスマンも、ジャーナリストも、家庭の主婦も、みんなが科学を知らなければ、時代の流れに逆らうことになるでしょう。

ブルーバックス発刊の意義と必然性はそこにあります。このシリーズは、読む人に科学的に物を考える習慣と、科学的に物を見る目を養っていただくことを最大の目標にしています。そのためには、単に原理や法則の解説に終始するのではなくて、政治や経済など、社会科学や人文科学にも関連させて、広い視野から問題を追究していきます。科学はむずかしいという先入観を改める表現と構成、それも類書にないブルーバックスの特色であると信じます。

一九六三年九月

野間省一

ブルーバックス　宇宙・天文関係書

1394 ニュートリノ天体物理学入門　小柴昌俊
1487 ホーキング　虚時間の宇宙　竹内　薫
1510 新しい高校地学の教科書　杵島正洋／松本直記／左巻健男＝編著
1697 インフレーション宇宙論　佐藤勝彦
1728 ゼロからわかるブラックホール　大須賀　健
1731 宇宙は本当にひとつなのか　村山　斉
1762 完全図解　宇宙手帳（宇宙航空研究開発機構）＝協力　渡辺勝巳／JAXA
1799 宇宙になぜ我々が存在するのか　村山　斉
1806 新・天文学事典　谷口義明＝監修
1848 今さら聞けない科学の常識3　聞くなら今でしょ！　朝日新聞科学医療部＝編
1857 宇宙最大の爆発天体　ガンマ線バースト　村上敏夫
1861 発展コラム式　中学理科の教科書　改訂版　生物・地球・宇宙編　石渡正志／滝川洋二＝編
1862 天体衝突　松井孝典
1878 世界はなぜ月をめざすのか　佐伯和人
1887 小惑星探査機「はやぶさ2」の大挑戦　山根一眞
1905 あっと驚く科学の数字　数から科学を読む研究会
1937 輪廻する宇宙　横山順一
1961 曲線の秘密　松下泰雄
1971 へんな星たち　鳴沢真也
1981 宇宙は「もつれ」でできている　ルイーザ・ギルダー／山田克哉＝監訳／窪田恭子＝訳
2006 宇宙に「終わり」はあるのか　吉田伸夫
2011 巨大ブラックホールの謎　本間希樹
2027 重力波で見える宇宙のはじまり　ピエール・ビネトリュイ／安東正樹＝監訳／岡田好恵＝訳
2066 宇宙の「果て」になにがあるのか　戸谷友則
2084 不自然な宇宙　須藤　靖

ブルーバックス　数学関係書（I）

116 推計学のすすめ　佐藤 信
120 統計でウソをつく法　ダレル・ハフ　高木秀玄＝訳
177 ゼロから無限へ　C・レイド　芹沢正三＝訳
325 現代数学小事典　寺阪英孝＝編
408 数学質問箱　矢野健太郎
722 解ければ天才！　算数100の難問・奇問　中村義作
833 虚数iの不思議　堀場芳数
862 対数eの不思議　堀場芳数
908 数学トリック＝だまされまいぞ！　仲田紀夫
926 原因をさぐる統計学　豊田秀樹／前田忠彦／柳井晴夫
1003 マンガ　微積分入門　岡部恒治　藤岡文世＝絵
1013 違いを見ぬく統計学　豊田秀樹
1037 道具としての微分方程式　斎藤恭一　吉田 剛＝絵
1074 フェルマーの大定理が解けた！　足立恒雄
1201 自然にひそむ数学　佐藤修一
1243 高校数学とっておき勉強法　鍵本 聡
1312 マンガ　おはなし数学史　仲田紀夫＝原作　佐々木ケン＝漫画
1332 集合とはなにか　新装版　竹内外史
1352 確率・統計であばくギャンブルのからくり　谷岡一郎
1353 算数パズル「出しっこ問題」傑作選　仲田紀夫
1366 数学版　これを英語で言えますか？　保江邦夫＝著　E・ネルソン＝監修
1383 高校数学でわかるマクスウェル方程式　竹内 淳
1386 素数入門　芹沢正三
1407 入試数学　伝説の良問100　安田 亨
1419 パズルでひらめく　補助線の幾何学　中村義作
1429 数学21世紀の7大難問　中村 亨
1430 Ｅｘｃｅｌで遊ぶ手作り数学シミュレーション　田沼晴彦
1433 大人のための算数練習帳　佐藤恒雄
1453 大人のための算数練習帳　図形問題編　佐藤恒雄
1479 なるほど高校数学　三角関数の物語　原岡喜重
1490 暗号の数理　改訂新版　一松 信
1493 計算力を強くする　鍵本 聡
1536 計算力を強くするｐａｒｔ２　鍵本 聡
1547 広中杯　ハイレベル　中学数学に挑戦　算数オリンピック委員会＝監修　青木亮二＝解説
1557 やさしい統計入門　田栗正章／藤越康祝／柳井晴夫／C・R・ラオ
1595 数論入門　芹沢正三
1598 なるほど高校数学　ベクトルの物語　原岡喜重
1606 関数とはなんだろう　山根英司
1619 離散数学「数え上げ理論」　野崎昭弘
1620 高校数学でわかるボルツマンの原理　竹内 淳
1629 計算力を強くする　完全ドリル　鍵本 聡

ブルーバックス　数学関係書（II）

ブルーバックス　数学関係書(III)

1921 数学ロングトレイル「大学への数学」に挑戦　山下光雄
1927 確率を攻略する　小島寛之
1933 「P≠NP」問題　野﨑昭弘
1941 数学ロングトレイル「大学への数学」に挑戦　ベクトル編　山下光雄
1942 数学ロングトレイル「大学への数学」に挑戦　関数編　山下光雄
1946 数学ミステリー X教授を殺したのはだれだ！　トドリス・アンドリオプロス＝原作　タナシス・グキオカス＝漫画　竹内　薫／竹内さなみ＝訳
1949 マンガ「代数学」超入門　ラリー・ゴニック　藪田真弓／藤原誉枝子＝訳　鍵本　聡＝監訳
1961 曲線の秘密　松下泰雄
1967 世の中の真実がわかる「確率」入門　小林道正
1968 脳・心・人工知能　甘利俊一
1969 四色問題　一松　信
1973 マンガ「解析学」超入門　ラリー・ゴニック＝著・絵　鍵本　聡／坪井美佐＝訳
1984 経済数学の直観的方法　マクロ経済学編　長沼伸一郎
1985 経済数学の直観的方法　確率・統計編　長沼伸一郎
1998 結果から原因を推理する「超」入門ベイズ統計　石村貞夫
2003 素数はめぐる　西来路文朗　清水健一
2023 曲がった空間の幾何学　宮岡礼子
2033 ひらめきを生む「算数」思考術　安藤久雄
2036 美しすぎる「数」の世界　清水健一
2043 理系のための微分・積分復習帳　竹内　淳
2046 方程式のガロア群　金重　明
2059 離散数学「ものを分ける理論」　徳田雄洋
2065 学問の発見　広中平祐
2069 今日から使える微分方程式　普及版　飽本一裕
2079 はじめての解析学　原岡喜重
2081 今日から使える物理数学　普及版　岸野正剛
2085 今日から使える統計解析　普及版　大村　平
2092 いやでも数学が面白くなる　志村史夫
2093 今日から使えるフーリエ変換　普及版　三谷政昭
2098 高校数学でわかる複素関数　竹内　淳

ブルーバックス12cm CD-ROM付

BC06 JMP活用　統計学とっておき勉強法　新村秀一